地震学をつくった男・大森房吉

幻の地震予知と関東大震災の真実

上山明博

青土社

地震学をつくった男・大森房吉　目次

プロローグ　7
「地震の生き神さん」との対面
地震学の父の信念と苦悩

第一章　地震学の黎明　15
地震学への道
近代地震学の祖ジョン・ミルン
世界で最初の地震学会

第二章　姿なき研究機関　47
濃尾地震の衝撃
震災予防調査会
地震学の白亜の殿堂

第三章　東京大地震襲来論争　81
今村博士の「丙午東京大地震襲来説」
二人の帝大博士による大地震論争
六十年目の前触れ
大震災の予知をめざして

第四章　関東大震災　125
運命の大正十二年九月一日

被服廠跡の震災記念堂をゆく
関東大地震の実相
地震周期をめぐる論争の顚末

第五章　地震学の父の死　155
民心鎮静の犠牲
吉村昭の『関東大震災』
震源地争い
地下で今も動きつづける大森式地震計

第六章　関東大震災の真実　193
次に起るべき大地震はここですよ
大森博士の幻の地震予知を追って
地震学者の使命と責任

エピローグ　225
大森家の戸籍
大森氏之墓

あとがき　239
大森房吉と地震年表　243
主な参考文献　259

地震学をつくった男・大森房吉

幻の地震予知と関東大震災の真実

羽なければ空へもあがるべからず
龍ならねば雲にのぼらむこと難し
おそれの中におそるべかりけるは
たゞ地震なりけるとぞ覺え侍りし

（鴨長明『方丈記』）

プロローグ

「地震の生き神さん」との対面

今にも降りだしそうな鈍色の空の下、私はＪＲ福井駅のプラットホームに降り立った。
ゆく雲の流れに目をやりながら、駅前の東大通りの脇道をはやる気持ちを抑えつつ足早に歩を進めると、五分ほどでふいに開けた場所に出た。「手寄公園」のプレートを掲げた入り口を抜けると、歴史に穿たれた穴のように公園全体がひとつの異空間を形づくっていた。

おもむろに歩を進めると、正面奥の白い壁面の前に、梅雨の晴れ間の青葉若葉の日の光に映えて、その男はぽつねんと立っていた。ダブルのフロックコートで正装し、左手にステッキ、右手にシルクハットを携えた大森房吉《おおもりふさきち》の等身大の銅像である。生前「地震の生き神さん」の愛称で親しまれた大森房吉博士と、このときはじめて対面した私は、その場でつと足を揃えて立ち止まり、静かに黙礼した。

どれくらいの時間が経っただろうか。目を開けると、空には青み渡った五月晴れが広がっていた。しばらく大森博士と対面した私は、公園の北に隣接して建つ福井市旭公民館を訪ねた。そこで館長を務める藤井《ふじい》一夫《かずお》さんが大森房吉の生誕地に案内してくれるというので、その言葉に甘え、藤井さんに従った。

大森房吉の生家は、越前国足羽郡《えちぜんのくにあすわぐん》福井城下の南東、かつて下級武士の家宅が軒を連ねた「新屋敷百軒長屋」と呼ばれた一画にあり、それは現在の福井市手寄二丁目三番二十四号に当たった。

公民館から大森房吉像が立つ手寄公園を抜けて、およそ二分。コンクリートの電柱に標された「手寄二－三－二四」の地名を横目で確認すると、そこには四間（約七メートル）ほどの間口の土地に真新しい戸建て住宅が建っていた。

「前はここに〝大森房吉生誕地〟と刻まれた三十センチほどの花崗岩の石碑が在ったんですが」

藤井さんが、私の横でくぐもった声をぽつりとこぼした。

石碑を探していた私が地面から目を上げると、藤井さんは申し訳なさそうに目を伏せた。

「今は取り除かれてありません。土地を市で買い上げればよかったんですが」

私は発条《ぜんまい》がほどけるようにゆっくりと視線を伸ばし、〝大森房吉生誕地〟と刻まれた花崗岩の石碑が在っただろう辺りを凝望した。


明治元年（一八六八）九月十三日、大森房吉は福井藩士大森藤輔《とうすけ》の五男として呱呱《ここ》の声をあげた。その子は長じて東京帝国大学地震学教室の主任教授となり、近代地震学の基礎をほぼ一人で築きあげた。彼の業績は世界中から高い評価を受け、多くの研究者は敬意を込めて彼を「地震学の父」と呼んだ。

明治の終わりから大正にかけて、国の内外から「地震学の父」と称揚され、大正五年（一九一六）には日本人初のノーベル賞候補にもなった大森房吉だが、今日、彼の名を知る者はほとんどいない。

いや、たとえ知っていたとしても、それは「地震学の父」という尊称ではなく、その反対に「大震災を予知できなかった無能な地震学者」として記憶する者が僅かにいる程度である。

大森房吉は、日本が世界に誇るべき偉大な地震学者なのか、それとも大震災を予知できなかった無能な地震学者なのか。かつて「地震学の父」と讃えられ、「地震の生き神さん」の愛称で多くの国民から慕われた大森房吉が、今日歴史から忘れ去られようとしているのはなぜなのか。

私は明治大正期に世界を舞台に活躍した大森房吉の実像を求めて、国立国会図書館に通い、彼の言動を伝える当時の新聞や雑誌の記事を片っ端から物色した。また、大森の業績を正しく評価するために、東京大学地震研究所の図書室に幾度も足を運び、大森が発表した膨大な研究資料や学術論文に一つ一つ目を通していった。

資料の山に分け入ると、すぐに大森房吉の評価を失墜させたある歴史的な大事件に行き当たった。それは「関東大震災」である。

地震学の父の信念と苦悩

大正十二年(一九二三)九月一日、日本時間午前十一時五十八分三十二秒、相模湾北西沖八十キロメートルを震源とする関東大地震が起きた。

このとき、東京帝国大学地震学教室の大森房吉教授は、オーストラリアで開かれた第二回汎太平洋学術会議に出席していたため、日本にはいなかった。その日大森は、シドニーのリバービュー天文台の視察に訪れ、天文台が購入したばかりの地震計の前に立っていた。

まさにそのとき、地震計の描針が大きく波打った。奇しくも大森は、関東大地震の発生の瞬間を地球の裏側で目撃したのだ。

その頃東京では、百九十万人もの住民が被災し、十万五千余人もの犠牲者が出ていた。大震災の惨禍から命からがら生き残った無辜《むこ》の被災者たちは、「地震の生き神さんと呼ばれる大森博士が、こんな大地震が起ることを知らないはずがない。きっと地震が起ることを知り、自分だけ日本から逃げ出したに違いない」と、口々に噂した。そして、関東大地震の一カ月後にオーストラリアから帰国した大森に対して、多くの国民は、「大震災を予知できなかった無能な地震学者」と罵り、譴《けん》責《せき》したのである。

大森房吉を嘲弄した要因は、ほかにもあった。それは、関東大地震が起きる少し前に、東京帝国大学地震学教室の大森房吉主任教授と、同じ教室に所属する今村明恒《いまむらあきつね》助教授との間で、東京大地震襲来論争が起きたことだ。

二人の帝大博士による地震論争に、世間の耳目が集まったのはいうまでもない。今村助教授は、いつ東京に大地震が起きてもおかしくないと警鐘を鳴らし、東京市中は騒乱した。一方、大森教授は、今すぐ東京に大地震が起るわけではないと、人心の沈静化に努めたのだった。

そして、運命の大正十二年九月一日。相模湾の北米プレートとフィリピン海プレートの境界を震源域にマグニチュード七・九の関東大地震が勃発し、住家全壊十万九千余棟、焼失二十一万二千余棟の甚大な被害をもたらした。

結果を見れば、論争の勝敗の帰趨は誰の目にも明らかだった。大森房吉は大地震を予知できなかった責任を痛感し、地震学者としての呵責と自責の念をかみ締めた。そして、未曾有の大震災の只中で陣頭指揮を取らなければならない自分が、よりによって日本を離れていた不運を恨み切歯扼腕した。

帰国した大森教授が今村助教授に向かって、「今度の震災につき自分は重大な責任を感じて居る。譴責されても仕方はない」と語ったと、今村はその日（大正十二年十月四日）の日記に書き記している。大森房吉が失意と悔悟のうちに世を去ったのは、関東大地震の発生から僅か二カ月後のことであった。

そもそも本書を執筆した理由は、かつて「地震の生き神さん」と持てはやされ、のちに「大震災を予知できなかった無能な地震学者」と嘲笑された大森房吉とは、いったい何者なのかを追うことだった。大森と彼を取り巻く多くの人々の言動を拾集することで幾層にも折り重ねられた人間模様を浮き彫りにし、それによってもしかすると、これまで語られることのなかった関東大地震に至る過程の一断層の闇に光を当てることができるかもしれない。という、蜘蛛の糸をつかむような、すがる思いで資料の収集・調査を開始したことにはじまった。

明治十三年（一八八〇）、地震大国・日本において防災と地震予知の実現をめざして世界初の地震学会は誕生した。しかし、地震学の歴史は、挫折の連続だった。私たちは、大震災にみまわれる度に、いいようのない無力感を味わってきた。その歴史を振り返り、先人の業績を正当に評価することではじめて、来るべき未来を創造することができるとすれば、地震学の歴史に真摯に向き合い、今村と大森の論争の真相とその意味を正しく理解することは、地震の巣の上で今を生きる私たちに託された責任のように思われた。

膨大な資料を丹念に読み進んでいくなかで思いがけず私は、東京に大地震が起ることを大森房吉が正確に予知していたと考えられる資料にめぐり合った。しかもそこには、次に東京に起るべき大地震（関東大地震）の震源域が東京湾湾頭、つまり相模湾沖であることを示唆する地図が含まれていた。

大森自身が認めるように、結果的に大森房吉は関東大地震を予知できなかったのは事実である。だが、少なくとも、今村助教授は関東大地震を予知し、大森教授は予知できなかったとするこれまでの定評は大きく修正される必要がある。なぜなら、大森は関東大地震の前年に東京に次に起るべき地震に関する論文を学術誌に発表しており、そこには今村がおこなったとされる地震予知よりもさらに一歩も二歩も地震予知の核心に迫った研究内容が詳しく述べられていたからである。

大森房吉は、じつは次にどこで大地震が起るかを誰よりも正確に予知していた。その事実を多くの確かな資料と証言をもとに詳述し、関東大地震に至る地震予知の実相を明らかにしたいと思う。

顧みて、大森房吉は地震の研究によって何をめざし、私たちに何を残したのか。

大森の真の実像を追って国立国会図書館に通いはじめた頃、私はまだ何も知らなかった。近代地震学はほかでもなくこの日本ではじまり、その歴史は地震予知の失敗の歴史であったことを。そして、歴史は再び繰り返され、関東大震災という日本史上最悪の大惨事をもたらした。そのすべての責任と非難を一身に背負った地震学の父・大森房吉の信念と苦悩が、どれほど重く大きなものであったかを――。

第一章　地震学の黎明

地震学への道

明治元年（一八六八）九月十三日（新暦十月二十八日）、大森房吉は福井藩勘定方で小算《こさん》という下役《したやく》の職にあり十石二人扶知《ぶち》の禄を食む大森藤輔と、その妻幾久《いく》の八人の子ども（五男三女）の末っ子として福井城下新屋敷百軒長屋で誕生した。

福井県立図書館内にある福井県文書館が所蔵する、弘化四年（一八四七）に編纂された福井藩の人事台帳『新番格以下《しんばんかくいか》』（松平文庫）をひもとくと、大森藤輔は天保二年（一八三一）に十三歳で福井藩に足軽として召し抱えられたことが記されているので、房吉は藤輔が五十歳のときに生まれた子であることがわかる。

明治七年、房吉は六歳になると生家から四十メートルほど離れた旭《あさひ》小学校に入学した。そして明治十年、突如大森家は一家をあげて新都・東京に転出する。

それにしても、還暦を目前にした大森藤輔は、なぜ住み慣れた百軒長屋の家宅を捨てて、遥々東京に向かったのだろうか。無論そこには、武士という身分と家禄を同時に失ったことが大きな要因のひとつとしてあっただろう。さらに、明治四年の廃藩置県の折り、福井藩最後の藩主松平茂昭《まつだいらもちあき》公が福井から東京に転出するのを旧藩士として見送った藤助が、子どもたちの将来を案じ、新都・東京で新しい人生を踏み出す決心をしたためとも考えられる。

このとき藤輔は、自分の高齢（五十四歳）を考慮し、一刻も早く東京に転居したいと思ったに違いない。だがなぜ、藩主を見送ってから六年後の明治十年まで福井を出立する時機を遅らせたのだろうか。その理由は、末子の房吉（三歳）に東京まで踏破できる脚力が備わるのを待ったためではないかと想像される。

かくて房吉が九歳になった明治十年、待ちに待った大森藤輔（六十歳）は意を決し、子どもたちを引き連れて徒歩で東京日本橋をめざすのだった。子どもの足を考えると、百軒長屋から日本橋まで優に二カ月は要しただろう。北国街道と東海道の延べおよそ百五十里（約六百キロメートル）もの道のりを歩き通し、ようよう日本橋にたどり着くと、藤輔はとりあえず近くに適当な居宅を借り受ける。そして房吉は、近くの日本橋阪本町（現在の中央区日本橋兜町）にあった官立阪本学校（現在の中央区立阪本小学校）の五級生（四年生）に転入した。

現在、福井市旭公民館には大森房吉の資料のひとつとして小学校の卒業証書の写しが残されており、それを見ると、「證、東京府士族大森房吉、小學尋常科卒業候事、明治十三年十二月廿八日、東京府日本橋區公立阪本小學」と墨書で認められている。

証書をもらった房吉は、明けて明治十四年正月、神田淡路町にあった高橋是清《たかはしこれきよ》（のちの第二十代内閣総理大臣）が初代校長を務める共立学校（現在の開成高等学校）に進学する。この頃から房吉は神童ぶりを発揮しはじめ、各学科とも首席を争い、特に数学と英語の成績は群を抜いた。そのため房吉は授業料免除の特待（特別待遇）学生の厚遇を受け、その期待に応えるように、明治十六年六月に最優秀の成績で卒業し、同年七月東京大学予備門本学に入学する。

私は大森房吉の大学在学時の経歴を確認するため、本郷の東京大学を訪れ、窓口で大森房吉の履歴原簿の閲覧を求めた。が、大森の履歴原簿をすぐには用意できないとのことであった。私は申請手続きをおこない、用意ができたころに連絡して再び伺うことを告げて大学をあとにした。

その後、たびたび大学に連絡したが、その都度探しているところだという答えが返ってきた。三カ月が過ぎ、半年が過ぎ、一年が過ぎても大森の履歴原簿の所在は依然わからず、保管されているかどうかすらわからなかった。

困り果てて、ことのしだいを福井市旭公民館の藤井館長に打ち明けたところ、「東大の履歴原簿なら、うちにありますよ」というのである。藤井さんによると、大森房吉が卒業した旭小学校の創立百周年を記念して、旭小学校の朝日《あさひ》蔵松《くらまつ》校長（故人）が、郷土の偉人・大森房吉を紹介する小冊子『わたしたちの大先輩――地震学の父・大森房吉』（旭社会教育会編・発行）を昭和四十七年に著す。その資料収集のため、朝日校長は東京・本郷の東京大学本部事務局を訪れ、大森房吉の履歴原簿の写しを持ち帰った。その資料が旭公民館に大切に保管され、今は旭小学校に新設された「新正義《しんせいぎ》堂《どう》」という名（旭小学校の地にあった福井藩の学問所「正義堂」に由来する）の偉人資料室に展示されているというのだ。

早速私は、その資料の写しを郵送していただくことを藤井さんにお願いした。こうして、ようよう私はその写しを落手し閲覧することができたのである。

入手した大森の履歴原簿には、明治十六年七月に東京大学予備門本学に入学した大森房吉は、明治二十年七月に帝国大学理科大学（現在の東京大学理学部）に進学し物理学を専攻、明治二十三年七

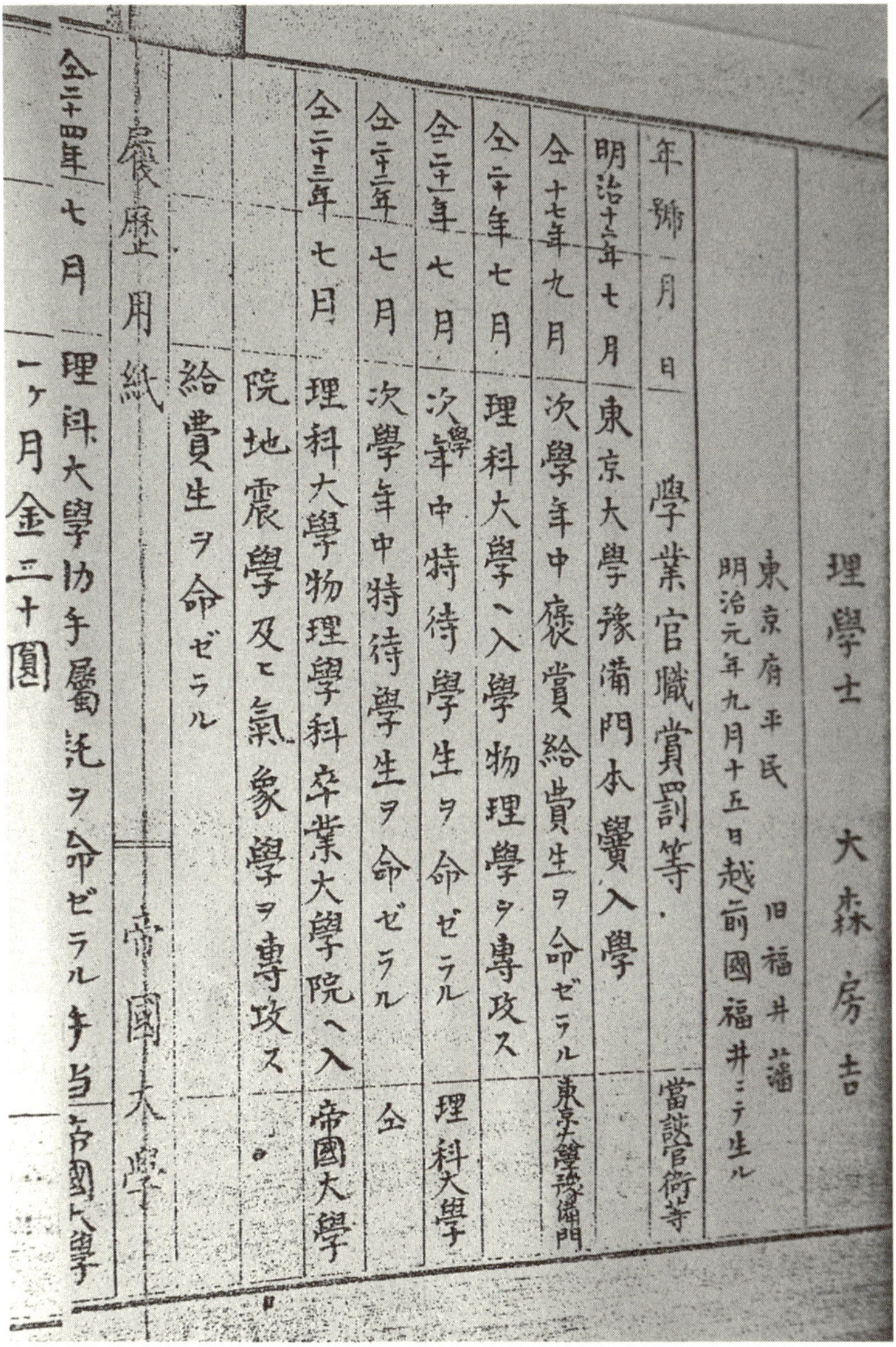
理學士　大森房吉
東京府平民　旧福井藩
明治元年九月十五日越前國福井ニテ生ル

年號月日	學業官職賞罰等	當該官衙等
明治十六年七月	東京大學豫備門本黌入學	
仝十七年九月	次學年中褒賞給費生ヲ命ゼラル	東京大學豫備門
仝二十年七月	理科大學ヘ入學物理學ヲ專攻ス	
仝二十一年七月	次學年中特待學生ヲ命ゼラル	理科大學
仝二十二年七月	次學年中特待學生ヲ命ゼラル	仝
仝二十三年七月	理科大學物理學科卒業大學院ヘ入院地震學及ヒ氣象學ヲ專攻ス。給費生ヲ命ゼラル	帝國大學
仝二十四年七月	理科大學協手囑託ヲ命ゼラル 手当一ヶ月金二十圓	帝國大學

履歴用紙　帝國大學

福井市旭小学校に展示されている大森房吉の東京帝国大学の履歴原簿の写し

月に帝国大学理科大学物理学科を卒業したのち大学院に進み地震学および気象学を専攻したことが記載されていた。

特筆すべきはこの間、東京大学予備門本学では褒賞給費生、帝国大学理科大学では特待学生、同大学院では給費生のそれぞれの待遇を受け、授業料を免ぜられたうえに毎月五円（小学校教諭の初任給に相当）もの援助金が大学から大森に支給されていたことだ。

これらの履歴原簿の記載から、大森は東京大学予備門本学の入学から帝国大学理科大学大学院を修了するまでのすべての期間において優秀な成績を通し、給費生でありつづけたことがわかる。また、大学院に進んだ翌年には理科大学助手嘱託を命じられ、月二十円の俸給を受けてもいる。

一方、大森の履歴原簿に「明治二十三年七月、理科大學物理學科卒業、大學院へ入院、地震學及ヒ氣象學ヲ専攻ス、給費生ヲ命ゼラル」とあることから、大森が地震学者になることを決心し、その道を選択したのは、大学院に進み地震学を専攻した明治二十三年七月であることがわかる。

ここで、私にひとつの疑問が生じた。それは、給費生の大森がなぜ物理学の広範な専攻分野のなかから、よりによって決して華やかとはいえない未開の分野の地震学および気象学の道をめざしたのかということだ。それを調べるために東京大学総合図書館を訪れたが、これといった理由をついに見付けることはできなかった。

しかし、調べているうちに、大森の人生の節目に度々登場し、大きな影響を与えたひとりの人物が浮かび上がってきた。その人物とは、英国ケンブリッジ大学で数学と物理学を学び、首席の称号である「ラングラー」を得て卒業し、帰国後明治十年に創立した東京大学の理学部教授となった菊《きく》池大麓《ちだいろく》である。

菊池大麓は学者と政治家の二つの顔を持ち、学者としては震災予防調査会長（明治二十六年）や帝国学士院長（明治四十二年）などを歴任し、政治家としては貴族院勅選議員（明治二十三年）や文部大臣（明治三十四年）などの要職を経て男爵（明治三十五年）を授爵した朝野の名士である。

明治十九年四月、帝国大学令の施行によって東京大学は帝国大学に改称し、理科大学、工科大学、医科大学、文科大学、法科大学の五つの分科大学と一つの大学院から構成されることとなった。このとき菊池大麓は、帝国大学理科大学の初代学長に就任する。

大森が帝国大学理科大学に入学するのは、菊池が同大学の学長に就任した翌年（明治二十年）のこと。したがって、大森が理科大学に在学中、大森の背後には給費生として彼を支援しつづけた菊池大麓学長（学長在任期間、明治十九〜三十六年）の存在があった。

菊池は理科大学で学長を務める一方、教師として数学の講義を英語でおこなうなど、近代数学を日本に導入することに努めた。そのため、数学と英語の成績が抜きん出た大森に菊池が注目したのは当然といえるだろう。

明治二十三年七月、大森が帝国大学理科大学物理学科を卒業する際、菊池は首席の大森を学長室に呼び、給費生のまま大学院に進んではどうか、と話したという。その折り、菊池は大森に向かって「お前は地震学をやれ」といったという逸話が残されている。

あとで詳述するが、この頃菊池は地震が多発するわが国において、地震学はもっとも力を注いで取り組まねばならない重要な学問であると感じていた。そして、緻密な観察力と論理的な構築力に長けた大森の、理学者としての優れた資質を見抜いた菊池は、日本の地震学の将来を若い大森に託そうとしたと思われるのだ。

一方、当の大森は、尊崇する菊池学長の期待に応えるために、二つ返事で快諾したことだろう。それは、これまで給費生としてつねに手厚い支援をしてくれた師の恩に報いることにほかならなかった。

翌二十四年七月、大森房吉は二十二歳で帝国大学理科大学地震学教室の助手嘱託に任じられ、月二十円の俸給を受ける。こうして大森は菊池学長の大きな期待を背負い、地震学の探究の道を歩みはじめるのである。

近代地震学の祖ジョン・ミルン

近代地震学は日本で誕生した。

古くから、中国や日本、ギリシア、イタリアなどでは、しばしば地震が起り、震災を未然に防ぐためにさまざまな地震の原因が考えられてきた。しかし、それらは神話や伝説の要素を反映したものが多く、地震を科学的に捉えているとはいい難かった。

たとえば中国では、万物は木・火・土・金・水を基本とする陰陽五行によって構成され、地震などの天変地異が起るのは、天下を治める天子の政治が悪いのを天がとがめるためであるとする「天《てん》譴《けん》思想」が信じられた。また、日本の江戸時代頃には、地震は地下にいる大鯰《おおなまず》が暴れるからであるとする「地震鯰《なまず》伝説」が一般に広まり、災いを鎮めるために地震鯰の錦絵が数多く描かれた。

一方、ギリシアのアリストテレス（Aristoteles, B.C.384-322）は、森羅万象は火・空気・水・土の四大元素から成り立ち、地震は地下にある蒸気《プネウマ》が勢いよく地上へ噴出するために起ると考えた。また、ローマのルキウス・アンナエウス・セネカ（Lucius Annaeus Seneca, B.C.4-A.D.65）は、アリストテレスのあとを受けて、地震は地下の空洞にある蒸気が地上へ噴出した後、地面が落ち込んだときに起る振動であると説いた。

こうした地震という捉え所のない驚異の自然現象を、曲がりなりにも科学的に捉える試みがおこなわれたのは、ほかならぬ日本においてであった。

明治政府の要請を受けて、西洋から遥々日本にやって来たお雇い外国人教師の多くは、はじめて見る日本の自然や風土に興味をもった。なかでも、自然科学を探究する外国人教師たちが、はじめて経験し、大きな驚きとともに新たな研究対象として興味をもったのが、地震だった。

今日、私たちが住む日本列島の下には、ユーラシアプレート、北米プレート、太平洋プレート、フィリピン海プレートの、四つのプレートが複雑に折り重なっていることが知られている。地球を覆う全部で七つのプレートのうち、じつに四つものプレートに隣接する世界でも極めて稀な地理的条件の上に存在する日本が、世界有数の地震大国といわれるのはそのためだ。

それとは対照的に、ユーラシアプレートにすっぽりと覆われたヨーロッパでは、僅かにアフリカプレートに接するイタリア半島の周辺地域を除いて、地震の発生は少ない。なかでもイギリスでは、生涯のうちで地震に遭うことはほとんどない。そのイギリスから一人のお雇い教師が日本にやって来た。大森房吉の恩師となり、のちに近代地震学の祖といわれるジョン・ミルン（John Milne, 1850-

1913）である。

ジョン・ミルンは、一八五〇年十二月三十日（嘉永四年一月三十一日）に英国リバプールでスコットランド人の両親の間に生まれた。十七歳でロンドン大学キングス・カレッジの応用科学部に入学し、さらに王立鉱山学専門大学に進学した。そのミルンの元に大学教授職への打診があった。打診してきたのは、英国グラスゴー大学の物理学教授でのちに総長となるケルビン卿（1st Baron Kelvin, 1824-1907）だ。このときミルンは、グラスゴー大学教授への誘いだと思ったことだろう。早速、ケルビン卿に会って赴任先を尋ねるが、彼の口から思いもよらない大学名を聞いて驚愕した。それは、極東アジアの島国・日本にある「工部省工学寮（Imperial College of Engineering）」という名の工業専門大学だった。

じつはケルビン卿と、英国留学の経験をもつ伊藤博文《いとうひろぶみ》工部卿（のち初代総理大臣）の二人の間には、多くの日本人留学生の受け入れ事業などを通して交流があった。その関係で伊藤博文は、日本の殖産興業の原動力となるべきお雇い教師の人選を、ケルビン卿に相談していた。そしてケルビン卿は、地質学ならびに鉱山学者の知識と経験を見込んでミルンに白羽の矢を立てたのだ。

少年の頃から冒険心旺盛なミルンは、話を聞いて最初は驚いたものの、極東の未知の孤島で働けることに強い興味を抱き、工部省工学寮（のちの工部大学校、現在の東京大学工学部）の地質学・鉱山学の教授職への招聘を快諾した。

快諾したもうひとつの理由は、月俸七十ポンド（約三百五十円）という願ってもない雇用条件にあった。たとえば、伊藤博文工部卿の当時の月俸は五百円。ミルンに提示された月俸三百五十円は、まさに大臣に匹敵する破格の高待遇といっていい。

加えて、一八七三年に新設された工学寮には、同じ英国スコットランド人技師で年齢も近いヘンリー・ダイアー（Henry Dyer, 1848-1918）が初代都検《とけん》（教頭、事実上の校長）としてすでに任官していることをケルビン卿から聞いたことも、ミルンがその場で快く応諾した理由のひとつに挙げられる。

一八七五年七月、ケルビン卿を介して工部省工学寮のお雇い外国人教師の三年契約に承諾したミルンは早速翌月、英国を出発する。なお、このときミルンには日本政府から日本への旅費として一等客船の往復の船賃が前もって支給され、ミルンには快適な船旅が約束されていた。だが、じつはミルンは船酔いが酷く、船に乗ることを極度に恐れていた。そのため、ユーラシア大陸を陸路横断するという無謀ともいえる計画を実行した。

一八七五年八月三日、周囲が止めるのを押し切ってロンドンを発ったミルンは、汽車や馬車、さらに馬やラクダやラバを乗り継いで、ヘルシンキからサンクトペテルブルクを経由し、ウラル山脈を越え、シベリアの大地を抜け、モンゴル高原を経て中国・上海に到着した。この間、行った先々で鉱山の見学や地質の踏査、気象観測などをおこなった。そうして全行程七カ月余り（二百十九日）を要する壮大な旅の果てに、一八七六年（明治九）三月八日、ミルンはようよう横浜港にたどり着いた。

来日を果たしたミルンは、東京・虎ノ門の工学寮からほど近い赤坂溜池に居宅を構えた。そして一カ月ほど経った四月十日の夜、ミルンは生まれてはじめて地震を体験した。そのときのミルンの仰天ぶりを、彼はその日の日記に次のように認めている。

私が生まれてはじめて体験した地震は、一八七六年四月十日の深夜午前二時に起きた。それは、私が江戸の新居に落ち着いた直後のことであった。

見知らぬ土地で、まだ十分に荷物の整理も終わっていない新居に一人で寝ていた私は、真夜中にベッドの揺れで目を覚ました。窓がガタガタ鳴り、梁が軋み、壁に掛けた額縁がバタバタと動くのを見て、私はすっかり仰天してしまった。

振動は大揺れと小揺れを何度も繰り返し、しばらくしてようやく止まった。振動が止んだ後もベッドの上の小さい金属環はカチカチと鳴り続け、水盤上に浮かせた常夜灯の石油ランプの光は左右に揺れて、明滅する長い影が部屋の中をいつまでも動いていた。これが地震というものなのだと気付くまでには、多くの時間を要した。

次の朝、私は近所の人たちから、どのように感じたかを冷やかし混じりに尋ねられて、自分が経験したのが正に地震だったことを確認できたのである。

人生初の地震の衝撃と驚異は想像を絶し、しかも着任早々のできごとだっただけに、その夜ミルンは胸の高鳴りが収まらずに一睡もできなかった。翌朝、近所の住人に昨夜のことを尋ねると、住人は青ざめて話すミルンを面白がって冷やかした。

それから四年が経過した明治十三年（一八八〇）二月二十二日日曜日、午前〇時五十分。神奈川県の横浜で比較的大きな地震が発生した。

ミルンは、じつはこのときが来るのを待ちわびていた。ミルンは地震が来たときに備えて、柱に長さの異なる二本の振子を取り付けていた。また、何種類もの簡単な観測装置を作ってテーブルの上に並べ、それらによって地震の動き方を観測しようと手ぐすねを引いて待ち構えていたのだ。はじめて日本で地震を体験したとき、ミルンはただ青ざめて仰天するばかりだったが、このときのミルンは沈着冷静な科学者の目で、地震の挙動を細大漏らさず観察することに努めたのだった。ミルンはその日の日記にこう書き残している。

二月二十二日の夜半過ぎに発生した地震は、明治維新以後に起きた最も激しいものだった。地震の際には懐中時計に注意を注ぐ習慣を身につけていたので、瞬間的に時計を見たと確信している。私の家は前後に揺れ、窓がガタガタと音を立て、梁がきしみ、モルタルが剝がれ落ち、壁に掛けた絵が激しく揺れていた。それでも私は、そのような場合の常として、常夜灯で懐中時計を注視しながら、脱出の機会を窺っていた。四十秒後に、振動は明らかに和らいできた。

地震動には、震度が極大となった時期が明瞭に二回あった。私は二十フィートと三十フィートの長さの二本の振子の様子を調べるために階下へ行くと、振子は、机の上に置かれたすべての実験装置をなぎ倒して、約二フィートの弧を描いて揺れていた。

振子の一本には、その下端に小描針が付けてあり、机上に置かれた油煙で燻したガラス板を引っかいて、振動を記録するようにしていた。これらのガラス板は、地震の間、一方向へ移動するように仕掛けていたので、指針との相対運動は波状線として描かれる。また、ガラス板上の印の最初の方向は振動の方向を示している。これらから、私は大体の振動の大きさと方向をつかむことができた。

　翌朝、各種の装置から記録を集めることで手いっぱいだった私は、地震の観測時間の違いを比較し、被害について全般的に調べるように、メッセンジャーに時計をもたせて横浜へやった。

　多くの被害のあったことはわかっていたので、私は一連の質問をしたためた。その質問表は、地震に関心のあった『ジャパン・ガゼット』の編集者の好意で印刷され、購読者に配られたのである。


　この日ミルンが遭遇した地震は、今日「横浜地震」と呼ばれている。震源は横浜湾沖のやや深い地下の断層で、地震の規模を表すマグニチュードは五・五〜六・〇、震源に近い横浜では震度四の中震と推定される。

　しかし、「明治維新以後に起きた最も激しいものだった」とミルンが日記に書いたわりには、幸い被害は煉瓦塀の一部が崩落した程度で、長年地震を経験している日本人にとってはさして驚くほどではなく、事実地震規模も明治維新以後最も激しいものではなかった。しかしミルンは、この横浜地震との遭遇をきっかけに、その後の人生を地震の研究に捧げる決心をする。

　ミルンは研究対象を客観的に捉えるために横浜の外国人墓地に出かけ、墓石が移動した距離やねじれ具合などを詳しく計測し、地震の揺れの方向や大きさなどを踏査した。さらにミルンはより多くのデータを得るために、あるアイデアを思いつく。それは、英国『ヘラルド（Herald）』紙の主筆を務めたジョン・レディ・ブラック（John Reddi Black）が新たに横浜で創刊した英字新聞『ジャパン・ガゼット（The Japan Gazette）』紙に、横浜地震に関する質問を書いて投稿することだった。投稿記事を見た購読者の回答から、震源地付近で体感した地震の揺れの程度や方向など、地震の基礎データを幅広く収集し、捉え所のない地震現象をより詳細に把握しようとしたのである。

横浜みなとみらい線の日本大通り駅から港を臨む大さん橋埠頭に向かって二分ほど歩くと、右手に白い石造りの横浜開港資料館が現れる。ここはかつて英国領事館だった建物を利用して、明治大正期に日本で発行された英語ならびに日本語の新聞を中心に貴重な資料を所蔵公開している。横浜で発行された『ジャパン・ガゼット』も収蔵されているのではないかと微かな期待を抱いて資料館地下一階の閲覧室を訪ねると、幸運にも所蔵資料のなかに『ジャパン・ガゼット』が含まれていた。

私は横浜地震が起きた明治十三年二月二十三日以降の紙面を一行ずつ目で追った。すると、それはあった。横浜地震から三日後の明治十三年二月二十五日付け夕刊第二面の「投書（Correspondence）」のコーナーに、ミルンが考案した十二項目におよぶ質問が英文で記されていた。その謂《いい》は次の通りである。

「先日（二十二日）の地震についての質問」

一、地震の正確な発生時刻を教えてください。

二、吊り下げられたランプなどの照明器具の揺れ方や、ビリヤードの台上の玉の回転の方向など、地震動の方角を教えてください。

三、家屋に損傷が生じた場合には、損傷の種類と程度を教えてください。

四、角形の煙突などが転倒した場合には、転倒方向が側面か前面か、転倒方向を教えてください。
五、屋根から瓦が落下したり、マントルピースから花瓶や壺などが落下した場合には、投げ出された方向と水平距離を教えてください。
六、門柱や墓などの柱状物体が転倒した場合には、転倒の方向を教えてください。
七、円筒形の煙突などがねじれた場合には、ねじれた方向を教えてください。
八、家屋の壁に亀裂が生じた場合には、壁の亀裂の位置と方向と幅を教えてください。
九、今回の地震を感じなかった人がいた場合には、その人はどこにいたか教えてください。
十、今回の地震によって、頭痛その他の疾病にかかった人がいなかったか教えてください。
十一、今回の地震の前後に、なんらかの轟音を聞かなかったか教えてください。
十二、その他なにか普段とは違った現象を見なかったか教えてください。

工部大学校教師　ジョン・ミルン

（"The Japan Gazette"No.3693,Yokohama,Wednesday,February 25th,1880）

この質問項目を見ると、地震の発生時刻や地震動の揺れの方向や強さをなんとしても情報収集し、地震学の基礎的資料に活かしたいという、ミルンの意気込みが伝わってくるようだ。ミルンの十二の質問は、今日のような正確な地震計がいまだ開発されていない当時としては、ほぼ完璧に近い質問といっていいだろう。

注目すべきは、建造物のねじれや壁の亀裂などに関する項目など、耐震や防災対策を目的とした

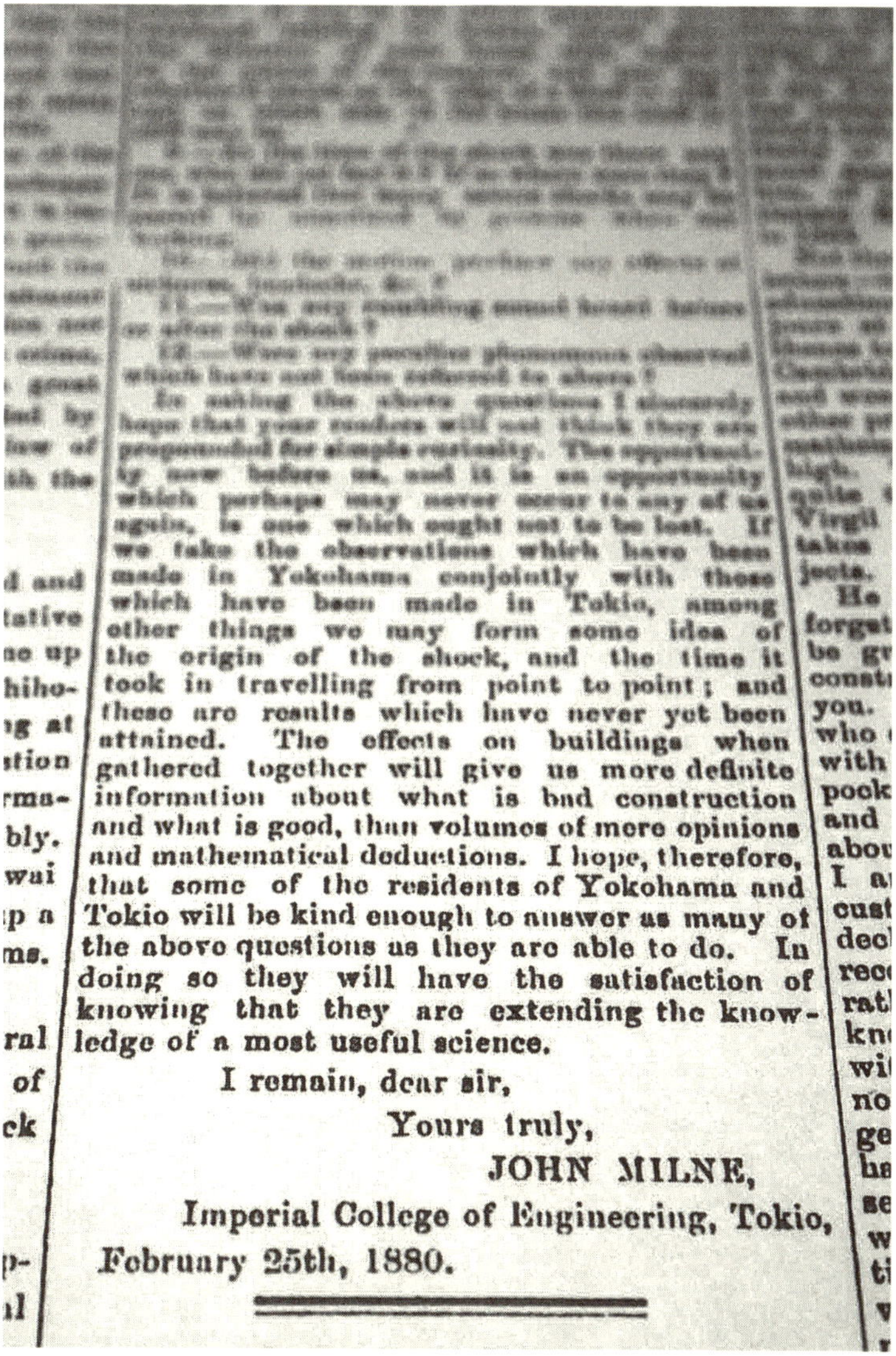

11.—Was any rumbling sound heard before or after the shock?

12.—Were any peculiar phenomena observed which have not been referred to above?

In asking the above questions I sincerely hope that your readers will not think they are propounded for simple curiosity. The opportunity now before us, and it is an opportunity which perhaps may never occur to any of us again, is one which ought not to be lost. If we take the observations which have been made in Yokohama conjointly with those which have been made in Tokio, among other things we may form some idea of the origin of the shock, and the time it took in travelling from point to point; and these are results which have never yet been attained. The effects on buildings when gathered together will give us more definite information about what is bad construction and what is good, than volumes of mere opinions and mathematical deductions. I hope, therefore, that some of the residents of Yokohama and Tokio will be kind enough to answer as many of the above questions as they are able to do. In doing so they will have the satisfaction of knowing that they are extending the knowledge of a most useful science.

I remain, dear sir,

Yours truly,

JOHN MILNE,

Imperial College of Engineering, Tokio,

February 25th, 1880.

ジョン・ミルンの新聞投書記事（『ジャパン・ガゼット』1880 年 2 月 25 日）

質問が散見される点である。わけても、質問十一の「地震の前後に、なんらかの轟音を聞かなかったか」や、十二の「なにか普段とは違った現象を見なかったか」など、地震の前兆現象に関する項目を最後に挙げている点には驚かされる。地震の方向や強さに加え、耐震対策や地震予知の研究への強い関心が、ミルンの心に当初からあったことを知ることができてとても興味深い。

世界で最初の地震学会

地震という自然現象を生まれてはじめて体験したミルンの驚愕ぶりは尋常ではなかった。その後、満を持して迎えた横浜地震は、ミルンの小柄な体軀を揺り動かしたばかりか、自然科学者としての彼の好奇心をも大いに刺激した。

イギリスでは決して体験することのなかった地震が、日本では頻繁に起ることを身をもって知ったミルンは、日本こそ地震を研究するのにもっとも適した環境であると確信する。そして、地震が発生するメカニズムを解明するために、地震学（Seismology）という前人未踏の新たな学問領域の探究をめざすのだった。

ミルンは地震を本格的に研究するために、世界初となるある構想を思いつく。それは地震学会（The Seismological Society）の発足である。早くもミルンは横浜地震の翌月の三月三十一日、文部省や工部省の官僚ならびに東京大学や工部大学校の首脳陣数名を集め、第一回会合をおこなうなど、着々と準備を進めた。

そして明治十三年（一八八〇）四月二十六日、神田錦町にあった東京大学の講堂で「日本地震学会（The Seismological Society of Japan）」の設立総会が開催された。

この日、日本地震学会の会員総勢百十数名が一堂に会した。このときの会員の顔ぶれを見ると、ミルンが東京に赴任してすぐ、ミルンのあとを追うようにケルビン卿の推薦を受けて英国から来日した工学教師のジェームズ・アルフレッド・ユーイング（James Alfred Ewing, 1855-1935）やトーマス・グレイ（Thomas Gray, 1850-1908）らのお雇い英国人たちの姿があった。さらに、理学教師のトーマス・コルウィン・メンデンホール（Thomas Corwin Mendenhall, 1841-1924）や土木学教師のウィンフィールド・スコット・チャップリン（Winfield Scott Chaplin, 1847-1918）らお雇い米国人など、会員の多くが外国人で占められた。

また、のちに東京帝国大学理科大学学長（現在の東京大学理学部長）となる菊池大麓数学教授や、のちに東京帝国大学総長となる山川健次郎《やまかわけんじろう》物理学教授など、東京大学の教授陣の顔もあった。さらに、工部大学校の大鳥圭介《おおとりけいすけ》校長や、東京気象台（のちの中央気象台）の荒井郁之助《あらいいくのすけ》台長など、国の研究機関に従事する各界を代表する日本人の姿も散見された。

設立総会は、二部構成で進められた。第一部では、事務局の進行で総会に参加した全会員による投票がおこなわれ、日本地震学会の初代会長に東京大学法学・理学・文学部綜理補の服部一三《はっとりいちぞう》が選出された。服部は明治八年に米国ラトガース大学の理学部を卒業し、明治十一年に「日本に起った破壊的地震」と題する論文を日本アジア協会で発表したことのある理学出身の文部官僚である。また、副会長には、日本地震学会設立の立役者であるジョン・ミルンが選出された。つづく第二部では、会の設立発起人で副会長に選ばれたミルンによる基調講演がおこなわれた。

このときのミルンの歴史的な演説が、当時日本地震学会が発行する会誌『日本地震学会報告』に記載されていることを知った私は、その会誌を閲読するために方々手を尽くした。そしてようやく、元日本地震学会会長の津村《つむら》建《けん》四朗《しろう》さんから、東京大学地震研究所に所蔵されていることを聞き付けた。津村さんは東京大学地震研究所助教授を経て日本地震学会会長や政府の地震調査推進本部地震調査委員会委員長などの要職を歴任した日本の地震学の重鎮である。

私は、津村さんと東京大学地震研究所で待ち合わせることを約し、後日東京大学地震研究所を訪ねた。東京大学地震研究所は文京区弥生キャンパスの一画に位置する。東京メトロ南北線の東大前駅から本郷通りの脇道を五分ほど歩いたところの東京大学グラウンドに隣接して、東京大学地震研究所の正門はあった。門の脇には□と○と△の幾何学図形で構成された石造のモニュメントが建ち、その傍らの銘板にはこんな銘文が刻まれていた。

大正十四年十一月十四日に地震研究所設立の官制が施行され、安田講堂裏に建物がつくられることとなった。昭和二年三月に着工し、翌三年三月に竣工した。建物は地下二階付きの鉄骨鉄筋コンクリート構造二階建てで、建築学科教授内田祥三先生が設計されたものであった。大地震が襲来しても建物内で観測や研究が出来るようにと、当時の標準設計震度の二倍の計算で設計された。正面玄関の壁面には日月の凹みの模様があり、また、玄関に近い西壁面には地震計を型どった石飾りがあった。これらはやはり建築学科の岸田日出刀先生の手になったものである。地震研究所が昭和三十八年から四十五年にかけて現在の場所に順次移転した後、安田講堂裏の建物は他部局が使用していたが、理学部の増設計画により昭和五十六年十一月取り壊されることとなった。地震研究所発足から四十有余年、黎明期における地震学研究の輝かしい業績を生み出した旧地震研究所の建物を永く記念すべく、岸田先生の手になる石飾り地震計と日月を切り取り組合せてここに建立する。

昭和五十八年十一月

地震研究所

門の脇の□と○と△で構成されたモニュメントは、岸田日出刀《きしだひでと》東京帝国大学建築学科教授が地震計を模して設計したものだという。いわれてみると、なるほど四角形の部分は地震計の支柱の形をしており、丸と三角の部分は地震計の記録紙を巻くドラムを意匠化したようにも見える。

なお、いうまでもなく岸田日出刀教授の恩師である内田祥三《うちだよしかず》教授は、東京帝国大学大講堂（通称、安田講堂）の設計を手がけるなど、関東大震災後の大学構内の復旧を主導し、のち（昭和十八年）に東京帝国大学総長となる人物だ。内田や岸田が在籍した東京帝国大学理科大学建築学科では、当時地震学が必修科目となっていたため、内田らは学生時代に地震学教室で地震学の講義や地震観測の実習を受け、大森房吉教授から直接教えを授かったはずだ。

正門の傍らのモニュメントと銘板を眺めながら、地震研究所発足以前の大森教授の時代に思いをめぐらせていると、向こうから八十歳前後の小柄な背広姿の人士がやって来た。かつて東京大学地震研究所助教授として通勤した経験をもつ津村建四朗さんである。

正門前で私は津村さんにお辞儀をして挨拶を交わすと、津村さんは笑顔で応え、通い慣れた地震研究所内を私の先に立って案内してくれた。私ははやる気持ちを抑えつつ、津村さんの歩幅に合わせるように歩を進めた。

津村さんは地震研究所二号館三階の図書室に私を招き入れたあと、図書室の奥の事務室のひとりの職員に何かひと言ふた言告げた。しばらくすると、その職員が書庫のなかから二冊の大判の書籍を胸元で掲げるようにして運んできて、私の前の机の上に並べて置いた。

一冊の書名は『Transactions of the Seismological Society of Japan』とあり、もう一冊の書名は『日本地震学会報告　第一册』とあった。世界で最初の地震学会誌と、その和訳版が私の目の前にある。この貴重な資料をじかに手に取ることができたのは、私にとってなにより幸せだった。

さて、明治十三年四月二十六日、東京大学の講堂で開かれた日本地震学会の設立総会で、ミルンは百十数名の会員に向かって、「日本に於ける地震の科学（Seismic Science in Japan）」と題する講演をおこなった。その講演内容は、『Transactions of the Seismological Society of Japan, vol.I parts I&II, 1880』に英文でまとめられた。それを、のちに日本人初の地震学教授となる関谷清景《せきやきよかげ》（大森房吉の先輩）が和訳し、新たに「地震学総論」という題名を付けて『日本地震学会報告　第一册』に収載した。

関谷が編纂したミルンの講演録「地震学総論」を一読すると、地震学の研究の目的は未曾有の震災を防ぐことにあり、主要な課題は地震警報システムの構築と地震予知の実現にあると、日本地震学会の目的と研究課題をはっきりと明示している点は特筆に値する。

その講演録は漢字と片仮名のやや読みにくい文章だが、極めて貴重な史料なのでその原文を手抄し、読み進めてみたい。

地震學總論

工部大學校地震學及鑛山學教授　ジョン・ミルン
明治十三年四月廿六日演述

余ハ今日地震及火山ニ關係アル事實ヲ蒐輯整理セント欲スル一大目的ヲ以テ設立セル此地震學會ニ向テ演說スルノ榮ヲ得タルハ實ニ喜ニ堪ヘサル所ナリ

抑モ此地震學會ノ目的タルヤ全ク地球內部ヨリ發出スル處ノ現象ヲ研究スルコトナレバ彼ノ歐米各國ニ於テ專ラ行ハルヽ理學會ノ如キ皆地球外面ニ發スル現象ヲ講究スル者ト其間大ニ異ナル所アリ

〈中略〉

今前例ニ據テ之ヲ考フレハ陸地ノ震災ヲ避クルモ亦タ難カラズ如何トナレハ地震波動ノ速度ハ東京横濱間ノ如キ距離十五英里ヲ一分時半ヲ以テ經過スル者トセハ東京周圍廿英里及至六十英里ノ所在電信分局ヨリ震動ノ發起ヲ報センニ其波動ノ東京ニ達スルマテ二分時乃至六分時ノ間隙アルベシ故ニ此警報ノ達スルヤ否ヤ大砲ヲ放ツテ之ヲ人民ニ報告セハ地震災害ヲ避クルニ遑アルベシ尤モ其號砲タルヤ通常ノ者ト區別セサルベカラズ且其報知ハ強烈ノ地震ニ限ルヲ要ス畢竟此等ノ考說ハ其實地ノ擧行如何ハ暫ク措キ從來地震ハ決メ之ヲ前知シ得ヘカラスト斷定スル輩ノ迷夢ヲ破ラント欲スル者ナリ

今本題ノ演說ヲ畢ルニ臨ミ茲ニ其說ノ大意ヲ陳述セント欲ス抑余ハ本題ノ初ニ於テハ地震火山ノ學ハ地上万物ヲ管理スル万有理學ヲ顯達スル方策中果メ如何ナル地位ヲ占ムル者タルヤヲ闡明シ次ニ日本ニ於テ從來斯學ノ進捗セシ有様ヲ畧記シタリキ

蓋シ斯學ニ關シテ蒐集シタル事實尠カラズト雖モ其完全ナル成効ヲ奏シタル者甚タ尠トス畢竟斯學ノ進捗遠ク他ノ學科ニ及ハザル所以ノ者ハ概ネ地震火山ノ多キ國ハ未開國ニテ其理ヲ研究スル人ノ乏シキニ由ルヤ疑ヲ入レズ然リト雖モ日本國ノ如キハ其地震火山ニ富ムコト世界中屈指ノ國ナルノミナラズ理學ニ熱心ナル人モ亦少カラズ而モ余輩幸ニ此國ニ住スレバ桔据黽勉地震ヲ研究シ以テ地震學ノ蘊奥ヲ究極セント欲ス若シ之ヲ究極スルニ至ラバ竟ニ此人類ヲシテ彼ノ不測ノ災厄ヨリ救濟シ遂ニ其安居ヲ得セシメンコト決メ難キニ非ザルナリ是レ余ガ諸君ニ向テ最モ希望スル所ナリ

（「地震學總論」ジョン・ミルン『日本地震學會報告　第一册』日本地震學會）

なお、蛇足ながら読者の理解が得やすいように、先述した日本地震学会設立総会でのミルンの講演録の現代語訳を試みたので、左にそれを附した。

「今日、地震と火山に関連する事象を収集整理することを目的として日本地震学会は設立しました。私は、それを記念する演説をおこなうという栄誉に浴し、じつに喜びに堪えません。

そもそも日本地震学会の目的は、地球内部で起る現象を研究することにあります。それは欧米における理学会が皆、地球上の表面で起きた現象のみを研究するのに比べると、大きな違いがあるといえましょう。

〈中略〉

これまでの例から考えると、陸地で起る震災を避けるのはさほど難しいことではないように思われます。なぜなら、地震波が地面を伝わるのに、東京横浜間の十五マイル（約二十四キロメートル）を一分半かかることがわかっています。つまり、地震が伝わるまでに震源から二十マイル離れれば二分、六十マイル離れれば六分の有余が生まれます。そのため、東京から半径二十マイルから六十マイルの関東一円に通信網を構築し、たとえば、地震発生の情報を受けた際は直ちに大砲を放って市民に警報し、地震が東京に到達するまでの時間を防災に役立てることが可能です。この地震警報システムの運用の方法についてはひとまず置くことにして、ここでは地震が起る前に予めそれを知ることなど到底できるはずがないと断定する人たちの迷妄が晴れることを願って自説を述べた次第です。

私はこの講演の前半で、地震学や火山学は森羅万象を支配する万有理学の発展にどのような役割を担い、日本でこれまでに地震学がどのように進捗してきたかについて簡単に述べました。

おそらく、地震学がこれまでに培った事柄は少なくはありませんが、大きな功績を挙げるまでには至らず、ほかの科学の水準には到底およんでいないといわなければなりません。地震や火山が多い国は、大抵未開の地であることが多く、地震や火山を論理的に研究しようと人はほとんどいませんでした。しかし、日本は世界屈指の地震や火山の多い国でありながら、科学に熱心な人が多くいます。幸い私もこの国に住み、地震学の研究に努めることで、地震の本質を解明したいと願っています。もしもこの究極の謎が解き明かされたならば、人類は不測の震災から救済され、安住の地を手に入れることも容易にできるようになるでしょう。このことこそ、私が皆さんに希望することにほかなりません。」

講演の内容を順を追って見てみよう。

まず、ミルンは講演の冒頭で「今前例ニ據テ之ヲ考フレハ陸地ノ震災ヲ避クルモ亦タ難カラズ（これまでの地震の例から考えると、陸地で起きる震災を避けるのはさほど難しくはない）」と前置きする。そのうえで、「如何トナレハ地震波動ノ速度ハ東京横濱間ノ如キ距離十五英里ヲ一分時半ヲ以テ經過スル（なぜなら、地震波が地面を伝わるのに、東京横浜間の十五マイル（約二十四キロメートル）を一分半かかる）」ことがわかっているからだ、とその理由を説明する。

そしてミルンは、地震が伝わるまでに震源から二十マイル離れれば二分、六十マイル離れれば六分の有余が生まれ、そのため、東京から半径二十マイルから六十マイルの関東一円に通信網を構築し、たとえば地震発生の情報を受けた際は直ちに大砲を放って市民に警報し、地震が東京に到達するまでの時間を防災に役立てることが可能だ、と地震警報の方法について具体的に述べている。

さらにミルンは一歩進めて、「從來地震ハ決メ之ヲ前知シ得ヘカラスト斷定スル輩ノ迷夢ヲ破ラント欲スル者ナリ（地震が起きる前に予《あらかじ》めそれを知ることなど到底できるはずがないと断定する人たちの迷妄《めいもう》が晴れることを願って自説を述べた）」と、地震学者の大きな社会的使命である地震予知の夢の実現に向けて躊躇うことなく果敢に挑戦することを訴えかけたのだ。

こうしてミルンは日本地震学会設立の基調講演で、地震学の目的を震災の予防にあるとし、焦眉の研究課題のひとつとして地震警報システムの開発を挙げた。さらにミルンは、最終的な研究課題として地震予知の実現を掲げ、その夢の実現に向かって挑戦することを提案した。

明治十三年四月二十六日、世界で最初の地震学会が、地震の研究に最適な日本で、地震予知の実現を大きな目的に掲げて誕生した。

――それから百三十年余りが経った平成二十三年（二〇一一）三月十一日。東日本大震災が発生し、死者行方不明者一万八千人以上という多くの犠牲者を出したことは記憶に新しい。日本地震学会の設立以来、これまで日本は世界の地震研究を主導するとともに、地震の前兆現象を捉えるために全地球衛星測位システム（GNSS）や地《ち》殻岩石《かくがんせき》歪計《ひずみけい》（strainmeter）など、さまざまな計測機器を日本列島全域に設置して、世界でも類例のない地震観測システムの構築をおこなってきた。

たとえば、国土地理院が推進するGNSSを利用した全国千三百箇所の電子観測点によるGNSS連続観測システム「GEONET（ジオネット）」や、防災科学技術研究所による日本全国を約二十キロメートル間隔で高感度地震計を配する高感度地震観測網「Hi-net（ハイネット）」、また総理府地震調査研究推進本部による全国八百箇所の観測点を擁する基盤強震観測網「Kik-net（強震ネット）」など、さまざまな機関で毎年およそ百億円を上回る予算が割かれ、これまでにおよそ三千億円余りの巨費を投じて、人が感じない僅かな震動から大災害をもたらす強震まで細大漏らさずリアルタイムで察知できる観測体制を整えてきた。

また政府は、すでに大地震の発生にそなえて地震予知、防災計画、避難指示などについて定めた「大規模地震対策特別措置法（大震法）」を昭和五十三年に制定し、翌年より施行させた。

さらに、大震法に基づいて東海地震をはじめ、想定される大規模地震の直前予知を目的に、気象庁長官の諮問機関として「地震防災対策強化地域判定会（判定会）」を発足させた。この判定会の判定結果をもとに、必要に応じて気象庁長官は地震予知情報を内閣総理大臣に報告し、閣議を経て警戒宣言が発令される仕組みである。

　このように日本は、地震予知と防災対策の実現に向けて、永年にわたり大規模な観測網と法律の整備に努めてきた。

　そうして迎えた平成二十三年三月十一日。突然東日本を巨大地震が襲い、日本の地震予知態勢を根底から覆した。なぜなら、マグニチュード九・〇というわが国観測史上最大の地震が発生したにもかかわらず、地震学者の間で想定されていた前兆すべり（pre《プレ》-slip《スリップ》）などのプレート境界面で起る顕著な前兆現象をなにひとつ捉えることができなかったからである。

　巨大地震の直前予知に失敗をした日本の地震学者たちは、翌二〇一二年九月二十五日、イタリア中部群発地震後に起きたある事件を大きな衝撃をもって受けとめた。その事件とは、二〇〇九年三月から四月にかけて、イタリア中部ラクイラ付近で最大マグニチュード六・三の群発地震が起きている際、十分な検討をすることもなく、必要な警報を出すことを怠ったために三百九人が死亡し、六万人以上もの被災者を出したとして、地震学者などで構成するイタリア地震委員会が過失致死罪の容疑で起訴されたことだ。

　起訴を受けてイタリア地震委員会は「地震予知は困難」とする声明を発表し、完全無罪を主張した。その後ラクイラ地方裁判所で審議を重ねるうちに、イタリア地震委員会はイタリア政府が地震騒動を鎮める目的で招集され、同委員会は十分な検討をすることもなく政府の意向に沿って「大地震は来ない」と安全宣言を発表したことが次第に明らかとなる。そして二〇一二年九月二十五日、ラクイラ地方裁判所は「イタリア地震委員会がメディア操作を図る政府に癒着し従った」と判断し、被告の七人の委員全員に対して求刑を上回る実刑禁錮六年の有罪判決を下したのだった（その後控訴され、二〇一四年十一月十日、二審のラクイラ高等裁判所は証拠不十分を理由に一転して委員六人に無罪、一人に執行猶予付き禁錮二年の有罪判決を下した）。

ラクイラ地方裁判所並びに二審のラクイラ高等裁判所が下した判決は、いずれも地震学者が地震予知の失敗を問われて有罪になるという、世界ではじめての事件であった。

二〇一二年九月二十五日にラクイラ地方裁判所がイタリア地震委員会の全員に実刑判決を下した翌月の平成二十四年（二〇一二）十月十七日、ときの日本地震学会会長は、「地震予知は困難」とする声明を発表した。そのうえで、日本地震学会はこれまで幅広く用いてきた「地震予知」の言葉には、厳密には「地震予知（決定論的予知 =deterministic prediction）」と「地震予測（確率論的予測 =probabilistic forecast）」の二つの意味が含まれているとし、今後「地震予知」という誤解を招きかねない言葉は極力使用しないことを会員たちに通達したのである。

私の手元に、日本地震学会が「地震予知は困難」の会長声明を発表する三年前の平成二十一年（二〇〇九）に日本地震学会が編纂した『地震学の今を問う』と題する一冊の報告書がある。そのなかに、当時東京大学地震研究所の大木聖子助教らが日本地震学会に報告した興味深いアンケート結果が示されている。

大木助教らは、インターネットを介して一般の国民から無作為に千四十九人を抽出し、「あなたが地震研究に対してもっとも期待することはなんですか」と設問した。そのアンケートで、期待度がもっとも大きかった一位の回答は「地震予知」の五十二・五パーセントだった。二位は「住んでいる地域の被害予想」の二十・八パーセント、三位は「防災対策」の二十・三パーセント、四位は「地震に関する基礎研究」の五・二パーセントとつづく。大木助教らはその結果を受けて、地震予知は、ほかの被害予測や防災対策などよりはるかに国民の期待が大きいことを報告した。そのうえで、人類が直面する地球温暖化や新たな感染症などの対策と並んで、地震予知を、今後もっとも傾注すべき重点研究課題とするよう提案したのだった。

それから二年が経った平成二十三年三月十一日、東日本大震災が発生した。そして翌二十四年十月、日本地震学会は「地震予知は困難」との会長声明を発表し、「地震予知」という言葉を今後できるかぎり用いないことを申し合わせたのである。

地震予知をおこなうことを前提に永年にわたって潤沢な研究予算を得てきた当の地震学者が、地震予知の可能性をみずから否定することは、科学者としての責任を放棄し、国民の期待を裏切ることにほかならない。にもかかわらず、敢えて「地震予知は困難」とする見解を発表した理由について、さまざまな憶測を呼んだ。そのなかには、イタリアと同じように日本で起訴された場合に備え、有罪判決を回避するための裁判対策と見る向きもある。

日本の地震学者は今、地震学研究の原点に立ち帰ってみることが必要な時期に来ているのではないだろうか。繰り返すが、日本地震学会の設立総会の講演で、設立発起人のジョン・ミルンは全会員に向かって地震予知の重要性を訴えた。そして、「地震予知など到底できるはずがないと断定する人たちの迷妄が晴れることを願って自説を述べた」と、日本地震学会を設立した主旨と地震を研究する最終的な目標を掲げたのである。

そうしてジョン・ミルンが地震予知の実現をめざして発案した「日本地震学会」は明治十三年四月二十六日、世界で最初の地震学会として誕生した。かくてここに、今日に至る近代地震学の波乱の歴史がはじまった。

地震の発生メカニズムや揺れのシミュレーションなどの技術はある程度進展したものの、地震予知は遅々として進んでいない今、日本で近代地震学が誕生した時点に立ち戻り、日本地震学会の設立総会でミルンが訴えた講演に耳を傾けることは、大いに意味があることのように思われる。

第二章　姿なき研究機関

濃尾地震の衝撃

大森房吉が地震学の最前線に躍り出るきっかけとなったのは、明治二十四年（一八九一）に発生した濃尾地震だった。

帝国大学予備門本学に首席で入学した大森は、大学院に進み地震学を専攻。明治二十四年七月、大学院に席を置いたまま地震学助手嘱託となる。こうして大森が地震学の道を歩みはじめた頃のある日、日本列島に激震が走った。明治二十四年十月二十八日早朝、日本列島のほぼ中央に位置する濃尾地方で、「濃尾地震」と呼ばれる内陸地殻内地震が起きたのだ。

助手の大森は、真っ先に地震学教室の器械室に飛び込み、地震計の描針の先端から描き出される振動の波形を見た。

当時まだ今日のように正確に計測できる地震計がなかったために、じつは地震発生の正確な時刻を特定することは難しかった。だが、震源にもっとも近い岐阜観測所の検針器によれば、午前六時三十七分十一秒、また名古屋観測所の検針器によれば午前六時三十八分五十秒に地震が発生したことが記され、いずれも最初の上下方向の揺れにつづいて南北方向に揺れていたが、突然人が立っていられないほどの激しい烈震となったことが記録されている。

震源は岐阜県本巣郡《もとすぐん》西根尾村《にしねおむら》（現在の岐阜県本巣市）を南北に貫く根尾谷《ねおだに》断層で、断層の活動域は福井県東部から岐阜県西根尾村を経て愛知県西部に至る全長七十六キロメートルにもおよんだ。推定マグニチュードは八・〇、日本の観測史上最大の直下型断層地震で、地震の揺れは西は九州全土、東は東北地方に達するなど、日本のほとんどの場所で感じられた。

このとき、地震によって通信網が至るところで寸断したため、震源や被害の大きさなど、地震の全容をすぐに把握することができなかった。同二十八日、『大阪朝日新聞』は号外を出し、大地震による影響で彦根、四日市以東への電信が不通であることを速報した。一方、東京ではさらに把握が遅れ、翌二十九日の『東京日日新聞』で、横浜ならびに金沢方面で大地震が起きたことを伝えた。また、三十日付けの『ロンドン・タイムズ（Times of London）』紙は横浜からのロイター電として、日本で大地震が発生し、大阪ならびに神戸で被害が大きい模様という推測記事を掲載した。

その後、新聞各社から地震情報が次々と伝えられ、岐阜から愛知にかけた地域で甚大な被害が出たことが次第に明らかとなる。震源に近い美濃の西根尾村附近では、激震によって山の樹木が全てなぎ倒され、辺り一面がはげ山となった。また、市街地では家屋の倒壊率が九割を超え、煉瓦造りの工場のほとんどは瓦礫と化した。さらに、東海道線に架かる全長四百六十メートルを誇るわが国最大級の長良川鉄橋が崩落し、尾張の名城・名古屋城の城壁が大きく崩壊した。

わけても、震源地の南に隣接する岐阜市で発生した火災が被害を一層大きくした。地震直後に岐阜市で四カ所から出火したが、それぞれに懸命な初期消火がおこなわれ、ほどなく鎮火した。しかしその後、市内鍛冶屋町から出た火は、折からの西北西の風にあおられて瞬く間に東南方向に燃え広がり、市街地の大半を焼き尽くし、火の勢いは翌日の正午頃になってようやく鎮まった。

岐阜を中心に被害は、山崩れ一万余カ所、建物全半壊二十二万二千五百一戸、死者七千二百七十三人にも上った。被災地の中心部に入った新聞記者は「岐阜、無クナル」と打電し、その惨状を伝えた。その第一報は帝国大学にも届けられ、理科大学地震学教室が中心となって直ちに現地調査隊の派遣が検討された。

このとき病気療養のために非職中だった関谷清景教授に代わって濃尾地震の調査隊の編成ならびに手配に当たったのは、大学院生で助手の大森房吉である。大森は、大学教授による地震調査隊を組織する間に、震源地に入るまでの交通手段を確認するための瀬踏《せぶ》み調査を目的に、一人の学生を先遣させた。その任に当たったのが、この年帝国大学理科大学に入学したばかりの今村明恒であった。

大森の特命を受けた新入生の今村は、直ちに新橋駅を発ち、名古屋駅からは徒歩で震源地に近いと思われる西根尾村に到着した。しかし、真っ先に現地入りしたものの、震源地に着くとすぐに帰京が命じられた。それがために今村は、現地調査には全く参加することなく、トンボ返りで新橋駅のホームに悄然と降り立ったのだ。この間、大森はジョン・ミルン教授を中心に建築学や物理学などの専門家からなる地震調査隊を組織した。

今村からの報告によって、長良川鉄橋が崩落したために名古屋－岐阜間は不通になったものの、東京－名古屋間の東海道線は奇跡的に通行可能であることを知った大森は、地震調査隊を引率し、新橋駅から夜行列車で名古屋駅に向かい、名古屋からは人力車に乗り換えて、西根尾村に直行した。

二週間後には、ドイツ留学から帰り地質学教授となった小藤文次郎《ことうぶんじろう》と、イギリス留学から帰り物理学教授となった田中舘愛橘《たなかだてあいきつ》の、二人の帝大教授も調査隊に合流し、さらに多角的な調査がおこなわれた。

ミルン教授らとともに西根尾村に入った大森は、早速その日から濃尾地震の震度分布を調べる活動を開始した。しかし、作業は当初から困難を極め、大森は途方に暮れた。なぜなら、地震の揺れがあまりにも激しかったため、通常の地震計では描針が記録紙から飛び出して、正確な揺れの大きさを計測することができなかったからだ。

そこで大森は、近くの寺に出かけた。寺の境内の灯籠や墓地の墓石などを訪ね歩き、その石柱の倒れた方角や投げ出された水平距離をつぶさに観察することによって、地震の揺れの程度がわかるのではないかと考えたのだ。奇しくもそれは、ミルンが横浜地震の際におこなった方法でもある。

じつはこれまでにも地震の規模や揺れの大きさの程度を定数化し、「震度階」という一定の基準で表そうとする試みがあった。たとえば、一八八三年にイタリアのロッシ（Michele Stefano De Rossi,1834-1898）とスイスのフォレル（Francois Alphonse Forel,1841-1912）は共同で、十段階の「ロッシ・フォレル震度階（Rossi-Forel scale）」を考案した。一方、日本では、明治十七年（一八八四）から、大森の先輩の関谷清景によって微震、弱震、強震、烈震の四段階の震度階の指標を用いた地震観測がおこなわれていた。

しかし、これらの指標はいずれも、人間の感覚に基づいて地震の揺れの大きさが判定されるものであった。これに対して大森は、地震という捉え所のない自然現象をより科学的に捉えるために、客観的な物理量で地震動の強さを表せないかと思いをめぐらせた。

大森は寺の境内の灯籠や墓地の墓石が倒れているのを見付けては、その石柱が投げ出された水平距離を詳細に計って歩き回った。そんなとき大森は、これまで人間の感覚で判定していた震度階に代わって、新たに最大加速度という単位を用いることを思い付く。そして、計測データから濃尾地震の最大加速度は四〇〇〇 mm/sec^2 であることを導き出したのだった。

大森は濃尾地震の調査をもとに、後年、地震の被害状況と最大加速度と震度階との関係性を明らかにし、新たに震度階を七段階に定義した。そして、震度階一では最大加速度は三〇〇 mm/sec^2、震度階七では最大加速度は四〇〇〇 mm/sec^2 以上と定めた。これを「地震動の『強度』と被害との関係即絶対的震度階に就きての調査及報告」と題するレポートにまとめ、『震災予防調査会報告第二十一号』(明治三十一年七月二十八日発行) に発表した。これがのちに「大森絶対震度階」といわれ、震災対策を講じる際の基本的な指標となるのである。

濃尾地震によって根尾谷断層が地表に現れ、その総延長は伊勢湾の北部から根尾谷、水鳥、長島、野尻を経て日本海に達し、ほぼ中部日本を南北に縦断した。この根尾谷断層を詳細に観察し、地震の原因が断層にあることを確信した小藤文次郎教授は、世界ではじめて断層のずれによって地震が発生するという「断層地震説」を発表した。地震発生の謎を解く新たな学説の発表は、斯界に衝撃を与え世界から大きな注目が集まった。

また、田中舘愛橘教授は、以前から進めていた地磁気の測定値と濃尾地震後に測定した値を比較する目的で、磁力線を測定することを計画する。調査に当たった震災予防調査会の三名の委員、大森房吉・中村清男・田中舘愛橘は、連名で「地球と磁力の変動に関する報告」と題するレポートを

『震災予防調査会報告　第二号』（震災予防調査会編・発行、明治二十七年八月二十五日）に発表。この調査報告から、田中舘愛橘は地震が地球の磁場に変化をおよぼしている事実を突き止め、地震活動と地磁気変動との間に関係があることを世界ではじめて実証し、地球物理学の進展に大きな貢献を果たすのだった。

一方、大森は、震源地に最後までとどまり、予震の観測を根気強くつづけた。明治二十四年十月二十八日の本震から四日後の三十一日までに、余震は烈震四回、強震四十回、弱震六百六十回、微震一回、鳴動十五回の合計七百二十回を数え、その後も絶えまなくつづいた。このとき大森は、本震のあとの余震の回数が、時間の経過にしたがって飛躍的に減ることを身をもって体感した。

その後大森は、濃尾地震の発生から明治二十六年十月末までの二年間に、岐阜測候所が観測した予震の回数が三千三百六十五回であることを知る。そして、縦軸に余震の回数、横軸に日にち（時間）をとってグラフにすると、奇麗な円弧の曲線を示すことを発見した。大森はそれを「余震（After-shocks）に就きて」と題する論文にまとめ『震災予防調査会報告　第二号』に発表した。

この論文で大森は、本震後の余震の回数は時間に対して指数関数に即して減少することを明らかにするとともに、余震回数をあらわす公式を導出した。その式はのちに「予震に関する大森公式（Omori formula for aftershock）」と呼ばれ、今日の地震学の基本的な法則のひとつとして世界で広く知られることとなる。

ところで、東京大学地震研究所の図書室を訪れた際、元日本地震学会会長の津村建四朗さんから、大森房吉が主要論文の発表の場とした『震災予防調査会報告』（震災予防調査会編・発行）が全号保管されていることを聞いていた私は、再び地震研究所二号館三階の図書室を訪れ、書庫に保管されている『震災予防調査会報告』を第一号から目を通していった。すると、『震災予防調査会報告　第二号』（明治二十七年八月二十五日発行）の一〇三頁に「余震（After-shocks）に就きて――大森房吉」と題する調査報告書（第一報）を発見した。さらに号を読み進めていくと、『震災予防調査会報告　第三十号』（明治三十三年六月四日発行）の「余震に関する調査・第二回報告――大森房吉」が目に留まった。

その報告書には、二十数頁にわたって計算式と数値が隙間なく並んでいた。それを一頁ずつ目で追うと、末尾の頁に一枚のグラフが現れ、私はそのグラフに見入った。

およそ縦百四十、横七十の升目の細かい方眼紙の上に、濃尾地震の発生直後から二年間の予震回数が正確に表され、それはまるで上弦の月のような美しい半円形の正双曲線を示していたのである。頁の上部には「濃尾地震の余震回数と時との関係（Xは時にして毎十二カ月を単位とす、YはXなる十二カ月間の岐阜に於ける地震回数なり）」のキャプションが記されていた。このグラフによって大森は、大地震のあとに襲ってくる予震の漠然とした恐怖を視覚化し、予震が発生する時間ならびに空間的分布を世界ではじめて明らかにしたのであった。

濃尾地震から六十六年後の昭和三十二年（一九五七）、のちに地震学主任教授となる今村明恒の指導を受けて、東京帝国大学地震研究所嘱託などを勤めた地震学者・武者金吉《むしゃきんきち》氏は、恩師の今村教授から生前聞いた話を、「今村明恒先生素描」（武者金吉『地震なまず』東洋図書、一九五七年所収）と題す

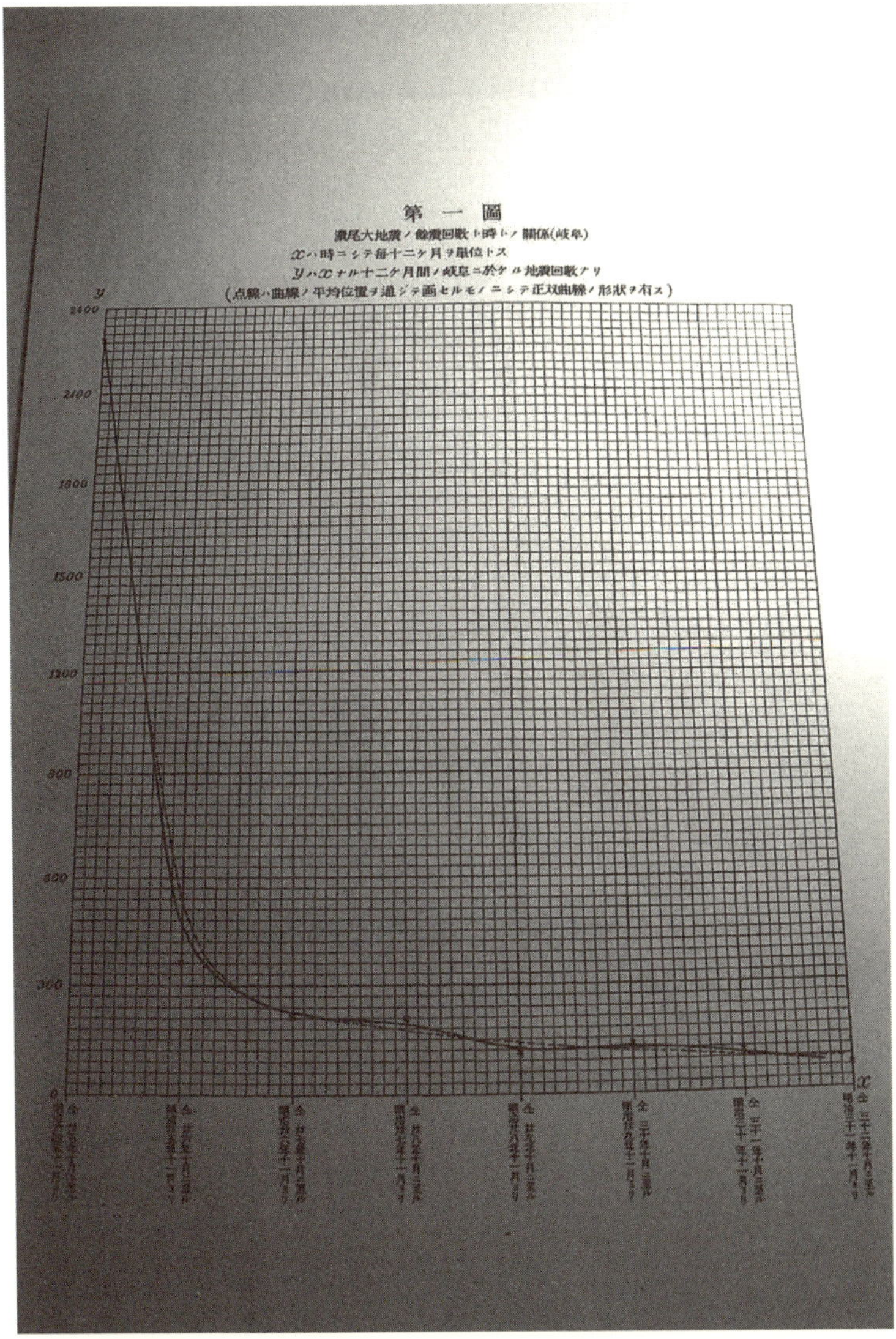

濃尾地震の余震回数と時との関係（「余震に関する調査・第２回報告」大森房吉）

る回想録に書き残している。

そこには、今村が大森と長年にわたって対立した要因の発端が、濃尾地震の調査にあったことが記されていた。

ある日菊池大麓教授の幾何学の講義がまさに始まろうとした時、先輩の大森房吉理学士があわただしく教室に入って来て（今村明恒）先生に、濃尾地方に大地震があった。君はすぐ現地へ行ってくれと言う。先生は直ちに震災地に向かったはずでありまたこれが先生にとって最初の地震調査でもあったはずであるが、なぜか先生は当時の行動については一言半句も話されなかった。

〈中略〉

思うにこの出張は単に大森理学士現地調査の瀬踏みのためであったろうと想像される。

（「今村明恒先生素描」武者金吉『地震なまず』東洋図書、一六五頁、括弧内筆者）

当時帝国大学は東京にしかなく（京都帝国大学の創立は明治三十年で、まだない）、全国津々浦々から選り抜きの秀才が東京・本郷に集まった。そして薩摩藩士の子息であった今村も、郷土の期待を一身に集めてその年の七月に帝国大学理科大学に入ってきた。入学早々今村は周囲の期待に応えるために、将来何を専攻するかさまざまな教室を物色し、地震学にも興味を抱き、大森のいる地震学教室に出入りしはじめた。そんな矢先の十月、濃尾地震が発生した。

助手の大森は、地震調査隊の瀬踏み調査をたまたま地震学教室に出入りしていた新入生の今村に依頼した。依頼を受けた今村は、真っ先に被災地に入り、そのまま被災地に止まって調査隊とともに現地調査に加わるものと思い込んでいたのだろう。それが叶えられなくなり、自尊心を傷つけられた今村の心奥に、大森への反感が芽生えたのかもしれない。

さらに武者氏は、先述の「今村明恒先生素描」の一節につづいて、恩師今村が弟子に語った言葉を次のように述懐する。そこには、今村が地震学者になった理由が、地震という未知の領域に挑戦したいという進取の精神とともに、将来地震学者になって大森を見返したいという強い対抗意識にあったことが記されている。

大森理学士が、震災地を視察して帰り、その報告会が行われた。その時（今村明恒）先生は色々の質問を発したそうである。その質問に対する大森先輩の答えはことごとく「まだわかっていない」の一点張りであった。

地震に関してこんなにもわからぬことだらけなら、自分は地震学を専攻して未知の領域を開拓してやろう、先生はこの時こう決心したそうである。これが先生が地震学者となる第一歩であった。（前出）

大森と今村は、大学院と物理学科（現在の物理学部）の違いこそあれ、同じ大学の学生であることには変わりはない。しかし、大森は給費生などに認定され、終始授業料を免ぜられたうえに月五円が支給されてもいた。さらに今村が理科大学に入学した明治二十四年七月から、大森は大学院に席を置きながら月俸二十円の高給で助手嘱託に任じられていた。高給で大学に迎えられた大森と今村との待遇の差に加えて、二人の歳が僅かに二つしか違わないという事実が、今村が大森に対して怨嗟の感情を発芽させる大きな要因ともなったのだろう。むろん大森に非はないのだが、今村が不満を募らせたのもうなずける。

ところで、濃尾地震の調査報告会で今村は大森にどのような質問をぶつけたのだろうか。調べてみたものの、めぼしい資料が見付からず残念ながらはっきりとしたことはわからなかった。しかし、今村の質問は、当時の地震学の最重要課題であったと思われる。だとすれば、たとえば今村は「地震波が地面を伝わる速さはどれほどか」、または「地震波の波長の長さはどれほどか」などと質問を浴びせ、大森に詰め寄っただろうと想像される。

じつはそれまでも、ジョン・ミルンなどのお雇い外国人教師たちによって、地震波の伝播速度を計測する試みがされていた。しかし、観測する度に観測結果が大きく異なった。その誤差が、計測機器の精度の低さによるのか、それとも地震波の種類や地盤の硬さなどの違いによるのかがわからず、大きな謎として残されたままだった。

これまで地震が伝わる速度は、音が空間を伝わる速度（一気圧、摂氏十五度の環境下で約〇・三四キロメートル／秒）と同じくらいだろうと考えられていた。そんな常識に疑問を抱いたひとりが、大森房吉である。大森は地震の速度は音が伝わる速度よりも格段に速いのではないかと考え、その疑問をみずからの手で確かめるために、濃尾地震の現地調査の際、予震の観測を通して地震波の計測をおこなっていた。これが、日本人初の本格的な地震波の伝播速度の計測であった。

大森は、濃尾地震の本震が発生した明治二十四年十月二十八日から十一月六日までの十日間に起きた余震のなかから十八回分の地震を抽出し、岐阜、名古屋、大阪、東京の四つの地点で得られた観測データから、地震は音速の約七倍の一秒間に七千六百尺（約二・三キロメートル／秒）の平均速度で伝わるという結果を導き出していた。

だが、先述した武者氏の証言によれば、今村の質問に大森は「まだわかっていない」の一点張りであったというから、このとき得た計測結果を、大森はデータのひとつとして記録するにとどめ、地震波の正確な伝播速度とは見なさなかったのだろう。事実、大森はその後も地震が起る度に、地震波の伝播速度の観測をつづけている。

なお今日では、地震波の速度は岩盤中で音速の十倍から二十倍、具体的には第一波（P波）は一秒間に七〜八キロメートル、第二波（S波）は一秒間に四〜五キロメートル程度であるとされている。また、地震波の波長は、地震の規模で大きく異なり、大型地震の場合は数十キロメートル、巨大地震の場合は数百キロメートル程度であるといわれている。

もっともこれらの問題は、地震学の黎明期における最重要研究課題のひとつであり、質問されても答えられないことは地震に携わる者であれば周知の事実であった。そのため、調査報告会で今村が大森を質問攻めにした行為は、大森に対するあからさまな嫌がらせであっただろうと想像される。

震災予防調査会

帝国大学理科大学学長の菊池大麓は、濃尾地震の現地調査から帰京した地球物理学者の田中舘愛橘教授らから甚大な被害の状況を直截に聞き、言葉を失った。わけても、多くの建物が倒壊し、その建物の下敷きになって夥しい数の人が圧死あるいは焼死した事実に衝撃を受けた。

特に菊池が注目したのは、完成間もない長良川鉄橋や大型の煉瓦建築など、近代的な西洋建造物が次々と倒壊したことだ。このまま近代化を進めれば、次に大地震が起きた際、さらに甚大な被害を被るのは明らかだった。

脱亜入欧をスローガンに掲げて急ピッチで近代化を押し進めていた日本にとって、大地震はまさにその近代国家の基盤を根底から揺るがす大きな社会問題として菊池の心に深く刻まれた。

菊池は地震に関する総合的な国の研究機関の必要性を痛感し、帝国大学理科大学の教授陣を中心に震災を予防するための準備会を組織する。そして、濃尾地震からおよそ一カ月半が過ぎた明治二十四年十二月十一日、貴族院勅選議員でもあった菊池大麓は、みずからが発起人となって「震災予防ニ関スル問題講究ノ為メ地震取調局ヲ設置シ若クハ取調委員ヲ組織スルノ建議案」と題する建議案を貴族院に提出した。

明治二十四年十二月十七日、午前十時五十五分。貴族院議長蜂須賀《はちすか》茂韶《もちあき》侯爵は貴族院本会議の開始を宣言した。この日の貴族院本会議の主な議題は、一週間前に菊池大麓議員が提出した「震災予防ニ関スル問題講究ノ為メ地震取調局ヲ設置シ若クハ取調委員ヲ組織スルノ建議案」の審議であった。

現今、インターネット上に国立国会図書館が運営管理する「帝国議会会議録検索システム」がある。そのウェブサイト（http://teikokugikai-i.ndl.go.jp）から指定の議会を検索し、議事速記録を画像データとしてダウンロードすることができる。私はこのシステムを介して、国立国会図書館が収蔵する『貴族院第二回通常会議事速記録第十四号』（明治二十四年十二月十七日）を入手した。

『貴族院第二回通常会議事速記録第十四号』によれば、会議の冒頭、本建議案を発議した菊池議員が貴族院本会議場の演壇に立ち、本案の主旨を述べた。このとき菊池はこう口を切ったと記録されている（なお、議事速記録の旧字体は新字体に、片仮名は平仮名に置き換えて引用した）。

「本邦は元来地震の多き国にして之を既往の歴史に徴するに三十年乃至四十年毎に必す今回の如き大震起り非常の惨害を為すは判明なる事実なり其の間にも尚ほ数回の頗る劇しき地震ありて災害を為すこと少なからす」。

菊池は演説の冒頭で、わが国は地震が頻発し、なかでも三十年から四十年に一度はかならず今回（濃尾地震）のような大地震が起きているという事実を指摘した。そして菊池はこう言葉をつづけた。

「地震は大戦争より最も大患大災の国難と謂ふも誣言に非るなりして此の国災国難は之を既往に微するに将来免られさるの厄數なれは之れか予防の策を講して国民の生命財産を保護するは国家の最大義務なり」。

地震は戦争に勝るとも劣らぬ国難であり、その地震から国民の生命と財産を守ることは国家にとって最大の義務である、と。そのうえで菊池は、震災予防を講じるための国の研究機関（調査会）を創設する必要性を訴え、その研究目的として次の項目を挙げている。

一　何如なる材料、何如なる構造は最も能く地震に耐ゆるものなるや
一　建物の震動を軽減するの方法有りや
一　何如なる種類の建物は危険なるや其取締り法何如
一　日本中何如なる地方は震災最も多きや、一地方に於ても多き部分と少き部分との区別ありや
一　何如なる地盤は最も安全なるや
一　地震を予知するの方法有りや否や

右に掲げた六項目を見ると、はじめの三項目は建物の耐震化に関する研究、次の二項目は地震の危険地域の特定に関する研究、そして最後の項目は地震予知の方法に関する研究となっている。つまり、菊池が考える研究機関の目的は、震災を如何に軽減するかに重点が置かれ、その最終目標は地震を未然に予知する方法を講じることにあった。

また菊池は、「本邦は十数年来地震学の研究頗る進歩して新知識を得たること甚た多し故に斯学に於ては既に世界中優等の地位を占めたり」と述べ、地震国である日本は、今や世界有数の地震先進国の地位にあると胸を張る。

さらに菊池は一歩進めて、「斯学に関し世界に対して先鞭を著け本邦の名誉を保有する庶幾からん」と主張し、日本が世界の地震学を主導し、人類に貢献することを庶幾《しょき》して力説する。

議事速記録はつづく。

「故に今日は此委員を設け局を設くるに付いて最も適当なる時機であろうと存じます」と菊池は

いい、国立の研究機関を設立する機会は今を措いてほかにないことを各議員に向かって語りかけた。

その一方で、「若し今日之を怠って居りまして今より三十年乃至四十年たって又今回の様な大地震が起りましたならば我々の子孫が我々に向って必ず責めるでありませうと考へます」と語り、仮に三、四十年後に再び大地震が起れば、子や孫から責められるだろうと説いている。なぜなら、「あれだけの地震があったにあの時に於てなぜ地震の事に就いて十分なる取調をしなかったのであるか、あの時に幾分か取調べて置いたならば今回の震災は是程でもなかったらうと言って我々を責めるでありませう」と。

つまり、もしも今これを放置したならば、再び大地震が起きたときに、後世の人から責めを負うことになるだろうと訴えかけたのだ。速記録からは、菊池の弁が次第に熱を帯びてくる様子が伝ってくるようだ。

さらに菊池は、後年大地震が起きたときに、私たちが死んでいたならそれまでだが、もしも生きていたなら子や孫に合わせる顔がないと、畳みかける。

「震災予防に関する調査を其時に我々が死んで居れば夫れまでの話であるが若し生きて居たならばどうして夫れ等に面を合せることが出来ませうか、実に後世子孫に対しても等閑にするべき事ではあるまいと考へます」。

そうして菊池は、大地震は三・四十年後にあるか、明日あるわからないので、一刻も早く対策を講じることが目下の急務である、と各議員に本建議案の速やかな可決を訴え、みずからの主張をこう締めくくった。

「加之是が彌三十年か四十年後ではなければ地震がないと云ふ事は請合はれませぬ、明年にもあるかも知れぬ或は明日にもありかも知れない、然らば一刻も早く此取調をして少しでも震災を予防する方法と云ふものを施すと云ふことが目下の急務であらうと考へます、一日も早く是は著手しなければならぬ事業であらうと考へます、どうぞ此建議案は貴族院の全院一致で可決致しまして速に政府に送り政府に於ても之を採用される様に希望致します」。

この菊池の主旨説明のあと、蜂須賀貴族院議長は本院の全議員に裁決をはかった。そして、議長は起立多数を目で確認し、「過半数でございます。依って建議案は可決致されましてございます」と宣言し、本会議は午前十一時五十五分散会した。

貴族院の可決を受けて、同案は明治二十五年五月開催の第三期帝国議会に提出された。ちょうどこの頃、明治政府は朝鮮半島をめぐって清国(現在の中国)と覇権を争い、清国との外交断絶もやむなしとの意向を固めつつあった。そして、近い将来訪れるだろう日清戦争に備え、軍備拡充が焦眉の問題となっていた。

折から海軍省は、第三期帝国議会で新たに軍艦の建造を要求した。そのため、震災予防と軍艦建造との激しい予算獲得争いが第三期帝国議会の議場を舞台に繰り広げられ、震災予防は衆議院で否決される。だが、両院協議会で再び震災予防が取り上げられた。

そして、菊池の熱のこもった説明が奏功し、日清戦争を二年後に控え、日本が富国強兵に邁進していたこのとき、海軍の予算が一部削られ、震災予防の予算が認められることとなったのである。

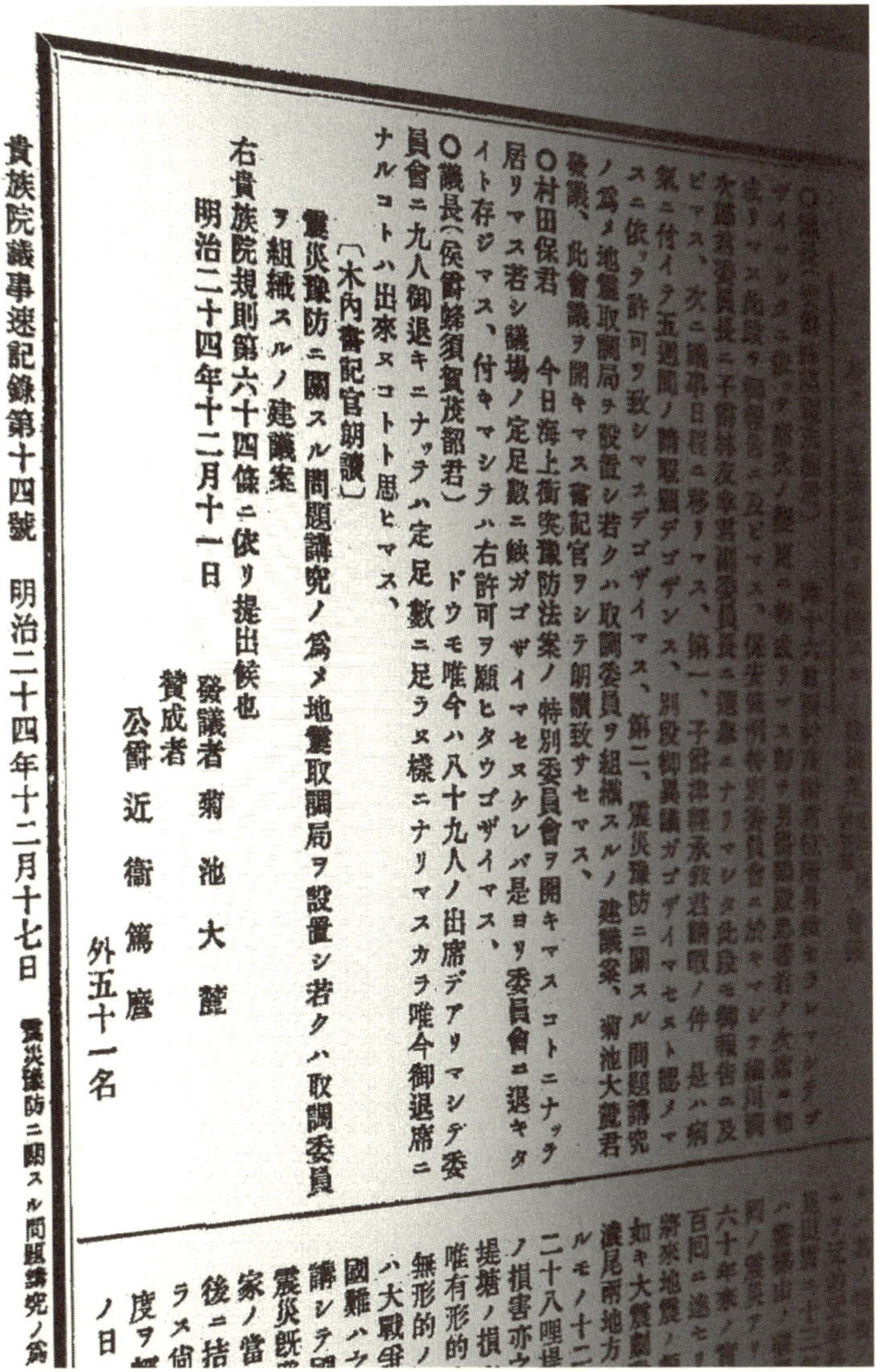

スニ依ッテ許可ヲ致シマスデゴザイマス、第二、震災豫防ニ關スル問題講究
ノ爲メ地震取調局ヲ設置シ若クハ取調委員ヲ組織スルノ建議案、菊池大麓君
發議、此會議ヲ開キマス書記官ヲシテ朗讀致サセマス、

○村田保君　今日海上衝突豫防法案ノ特別委員會ヲ開キマスコトニナッテ居リマス若シ議場ノ定足數ニ缺ガゴザイマセヌケレバ是ヨリ委員會ニ退キタイト存ジマス、付キマシテハ右許可ヲ願ヒタウゴザイマス、

○議長(侯爵蜂須賀茂韶君)　ドウモ唯今ハ八十九人ノ出席デアリマシテ委員會ニ九人御退キニナッテハ定足數ニ足ラヌ樣ニナリマスカラ唯今御退席ニナルコトハ出來ヌコトト思ヒマス、

〔木内書記官朗讀〕

震災豫防ニ關スル問題講究ノ爲メ地震取調局ヲ設置シ若クハ取調委員
ヲ組織スルノ建議案

右貴族院規則第六十四條ニ依リ提出候也

明治二十四年十二月十一日

發議者　菊池大麓

贊成者

公爵　近衛篤麿

外五十一名

貴族院議事速記録第十四號　明治二十四年十二月十七日　震災豫防ニ關スル問題講究ノ爲

『貴族院議事速記録第 14 号』（明治 24 年 12 月 17 日）閲覧画面

かくて、明治二十五年六月二十五日、「勅令第五十五号」が公布された。千代田区北の丸公園の国立公文書館に保管されている「勅令第五十五号」を閲覧すると、和綴じされた文書の表紙に明治天皇の諱《いみな》である睦仁《むつひと》の署名捺印があり、その左横に小さく内閣総理大臣伯爵松方正義《まつかたまさよし》と文部大臣伯爵大木喬任《おおきたかとう》の二人の署名が書き添えられている。表紙を開くと「勅令第五十五号　震災予防調査会官制」と墨書で認められ、その第一条に、「震災予防調査会は震災予防に関する事項を攻究しその施行方法を審議する」ことを目的に、文部大臣直属の研究機関として発足したことが記されていた。

明治二十五年七月十四日、内閣から震災予防調査会の会長ならびに幹事ら十三名が任命され、会長に加藤弘之帝国大学総長、幹事に調査会設立の立役者・菊池大麓帝国大学理科大学学長が就任した。そして七月十八日、震災予防調査会の記念すべき第一回会合が文部省庁舎の会議室で開催された。

東京大学地震研究所図書室が所蔵する『震災予防調査会報告　第一号』（震災予防調査会、明治二十六年十一月二十日発行）を見ると、このとき出席した震災予防調査会の委員は、加藤弘之《かとうひろゆき》会長と菊池大麓幹事を筆頭に、近代土木界の最高権威と謳われた古市公威《ふるいちきみたけ》工科大学教授（土木工学）、根尾谷断層の調査から「断層地震説」を発表した小藤文次郎理科大学教授（地質学）、のちに東京駅舎を設計する辰野金吾《たつのきんご》工科大学教授（建築学）、地球物理学の第一人者の田中舘愛橘理科大学教授（物理学）、琵琶湖疏水工事を指揮した田辺朔郎《たなべさくろう》工科大学教授（土木工学）、土星型原子モデルを発表しのちに日本の理学界の大立者となる長岡半太郎《ながおかはんたろう》理科大学教授（物理学）、のちに中央気象台の台長となる中村《なかむら》精男《きよお》中央気象台技師（気象学）など、斯界を代表する錚々たる人物が顔を揃えた。その委員の末席に、大森房吉理科大学助手（地震学）も加わった。また、ジョン・ミルン工科大学教授（地震学）も嘱託として委員に名を連ねている。

震災予防調査会の発足時に委員に任命された十三名のうち、第一回会合に欠席した委員は、巨智《こち》部《べ》忠承《ただつね》と関谷清景の二人であった。巨智部忠承は当時農商務省の技師で、地質調査所の所長になった地質学の権威。もうひとりの関谷清景は大森房吉より十三歳年上で、日本人初の地震学教授になった地震学の草分け的存在である。だが、関谷はこの四年後の明治二十九年一月九日、結核により四十歳の若さで惜しまれながら早世する。

なお、『東京帝国大学五十年史　上冊』（東京帝国大学編、昭和七年発行）を見ると、その一三六三頁に「明治二十四年七月十日大学院学生理学士大森房吉に地震学助手を嘱託す」と記載があり、一大学院生でしかない大森に対する大学側の期待の大きさが窺える。さらに、一三六五頁の講座担当教員の一覧名簿のなかに「地震学講座分担　講師大森房吉」とあることから、当時地震学講座は病弱な身の関谷清景教授に代わって大森房吉が講師としてすでに講座を担当していたことがわかる。

さて、震災予防調査会は文部省所管の委員会の形態をとり、研究テーマごとに委員（人《ひと》）と予算（金《かね》）が割り当てられた。それは今日のプロジェクト制組織による柔軟で戦略的な研究体制の先駆けであり、いわば姿なき研究機関とでもいうべきものであった。

震災予防調査会という自由な研究の場を得て、その委員の末席に名を連ねる大森は地震の研究にいっそう傾注した。そして、その年の末に、大森は早くも日本人初の実用電動式地震計の試作に成功する。翌二十六年（一八九三）五月、コロンブスのアメリカ大陸発見四百年を記念して米国イリノイ州ミシガン湖畔で開催されるシカゴ万国博覧会に、明治政府は日本人の科学技術の高さを世界に示す絶好の機会と捉えて参加することを決め、宇治平等院の鳳凰堂を模した鳳凰殿という名の日本館を出展した。その会場に大森が製作した電動式地震計が展示公開され、日本で開発された最新式地震計に世界の目が注がれた。

明治二十八年、ジョン・ミルンは帝国大学工科大学を退任し、英国に帰国することになった。

すでに書いた通り、明治九年に工部省工学寮（のちの工部大学校）の地質学・鉱山学のお雇い教師として招聘されたミルンは、来日早々地震の洗礼を受け、地震の研究を決意する。そして明治十三年、神田錦町にあった東京大学で日本地震学会の設立総会を開催し、世界で最初の地震学会を創設する。その後明治十八年に東京大学理学部（明治十九年帝国大学理科大学に改組）の校舎が神田錦町から本郷に移転するのにともない、理学部内に新たに地震学教室が開設された。

当初、地質学および鉱山学のお雇い教師として来日したミルンは、来日後日本地震学会の副会長を務めるなど、地震学を主導した。それに応えるように、日本政府はミルンに加俸を与えて新たに地震学の研究を命じたのである。そのため、ミルンは工部大学校（明治十九年帝国大学工科大学に改組）の教師でありながら東京大学の地震学教室に開設当初から自由に出入りし、地震計の開発や地震観測をおこなうとともに、関谷清景や大森房吉などの若い日本人研究者に対して親身になって地震研究の指導ならびに助言をおこなった。

そうして、明治九年にミルンが二十五歳で来日してから十九年もの歳月が流れた。ミルンより二年あとに来日した同じお雇い英国人ユーイングの在日期間が五年間だったのに比べて、十九年は異例の長さといっていい。

それはミルン自身が、日本に留まることを日本政府に強く要望したからにほかならない。その大きな理由のひとつに、地震を研究するためには、地震が頻発する日本にいる必要があったことが挙げられる。だが、それ以上に日本をどうしても離れたくない理由がミルンにはあった。それは、ひとりの日本人女性と出会い、恋に落ちたからである。

日本人女性の名は堀川トネといった。函館に建立された浄土真宗本願寺派願乗寺《がんじょうじ》（通称、函館別院）の住職・堀川乗経《じょうきょう》の長女で、東京芝・増上寺の開拓使仮学校女学校を卒業した、英語に長け《た》た才媛であった。そして明治十四年春、三十歳になったミルン（一八五〇年十二月三十日生）と二十歳になった堀川トネ（一八六〇年十一月十五日生）は赤坂区霊南坂町にあった霊南坂教会においてミルンの同僚の外国人教師や堀川家の親族が見守るなか、神に永遠の愛を誓った。

それから十四年後の明治二十八年、ジョン・ミルンに帝国大学工科大学教授の契約期限が迫り、ついに職を解かれることになった。

ミルンが英国に帰国する日が迫ったある日、教え子たちは恩師ミルンの送別会をおこなった。その際、帝国大学はお雇い外国人教師として永年務めたミルンへの感謝の気持ちを表し、犬好きのミルンに、可愛い二匹の子犬がじゃれ合う珍しい絵柄の七宝焼花瓶を贈呈した。ミルンはそれを両手で抱えながら、学生たちに向かって次のような別れの言葉を贈ったという逸話が、大学関係者の間で伝えられている。

「私は私の学問的な知識と能力のすべてを傾けて日本の地震学の指導に努め、すでに地震学の基礎は固まったといえるでしょう。しかし、そこに地震研究の大きな柱を打ち立てるのは容易なことではありません。地震や噴火にたびたび見舞われる日本の自然環境の厳しさは、同時に日本での地震研究の重要さを私たちに教えています。しかも、それだけに留まらず、災害の過酷さが日本人の精神構造にどのような影響をおよぼしているかを研究する必要があるように私には思いますが、どうでしょうか諸君」。

ミルンを取り囲んでいた学生たちから一斉に拍手喝采が巻き起り、拍手はしばらく鳴り止むことはなかったという。

明治二十八年六月二十日、帰国前日のこの日、ジョン・ミルンとトネ・ミルンは、出国に先立ち、宮城《きゅうじょう》に参内した。世界初の地震学会の創設や光学記録方式によるミルン水平振子地震計（重要文化財、国立科学博物館蔵）を独自に開発するなど、日本での功績が認められ、天皇皇后両陛下の拝謁の栄誉を授かった。

翌六月二十一日、梅雨冷えの曇天の下、横浜港の鉄桟橋に黒ずくめの紳士淑女が今生の別れを惜しむために集まった。そのなかには、菊池大麓や田中舘愛橘をはじめとした大学関係者や、トネにゆかりの紋付きの着物を羽織った堀川家の親族たちの姿があった。

このとき見送り人が打ち振る日本と英国の小旗に混じって、帝国大学の地震学教室でミルンから指導を受けた大森房吉の顔があった。そして大森は、ミルン夫妻を見送ったのち、恩師のあとを追うように欧州留学のため横浜港を発ったのである。

大森は、欧州で数少ない地震国であるイタリアに向かい、ヴェスヴィオ火山にほど近いナポリに居留した。そして欧州の地震研究の状況などを見聞し、その後ドイツに渡った。

一八九六年十一月のある日の朝、ベルリン郊外のポツダムに逗留していた大森は、地震のように突然襲った地響きと大音響で飛び起きた。なにごとかと宿の主人に尋ねると、この先でトンネルの掘削工事がおこなわれ、大音響はダイナマイトの爆発音だという。その話を聞いた大森は、すぐに機材を持って宿を飛び出し、大音響のした方向に向かって駆けだした。

工事現場に着くと、大森はそこに地震計とクロノメーター（機械式精密時計）を設置した。そして、現場から三・四キロメートル南東に位置するトレビン村に同様の機器を設置し、次の爆発を待ったのだ。

こうして何度も観測を重ねた結果、大音響は、ポツダムの爆発地点から約三・四キロメートル離れたトレビン村の観測地点までおよそ十秒かかるのに対して、地震動はわずか〇・五秒から一秒という極めて短い時間に到達するという観測結果を得る。

この観測から、地震動は、音速（約〇・三四キロメートル／秒）の十倍から二十倍もの速度（約四〜八キロメートル／秒）で地中を伝播する事実を突きとめたのだ。大森はこの結果を、『地上と地中における地震動の伝播速度の違いについて』と題する論文（欧文）にまとめ、発表した。

大森は、一八九七年九月に帰国の途についた。途中、大森はイギリスに渡り、ポーツマス港からイギリス南端のソレント海峡を挟んだ対岸に浮かぶワイト島に寄港した。そこには、恩師ミルンの地震観測所を兼ねた居宅があった。日本の地震研究を主導することになる大森は、恩師ミルンに最後の助言を受けるためにワイト島を訪れたのではないかと思われる。

一方、ミルンは英国に帰国するとすぐに、明治天皇から勲三等旭日章を、また帝国大学から名誉教授の称号を、さらに英国王立協会からロイヤル・メダルを授与された。そして、英国高等科学研究所の認可を得て、シャイドの丘に「シャイド・ヒル・ハウス」という居宅を兼ねた地震観測所を開設し、そこに日本で開発したミルン水平振子地震計を設置して、遠地地震（遠隔地で起きた地震）の観測研究に従事した。そして帰英から十八年後の一九一三年七月三十一日、この地でミルンは六十二年の生涯を閉じたのである。

地震学の白亜の殿堂

明治三十年（一八九七）十一月二十四日、二年間の欧州留学を終え、帰国した大森は、同年十二月十日、二十九歳の若さで帝国大学理科大学の教授を命じられ、前年（明治二十九年）に亡くなった関谷清景教授の跡を継いで地震学教室の主任教授に就任する。

私は大森が教授として通った東京大学を訪れた。東京メトロ南北線の東大前駅で降り、本郷通りを南に五百メートルほど進んだ左手に東京大学の正門がある。その三百メートル先には加賀藩前田家上屋敷の遺構（重要文化財）として知られる東京大学赤門（御守殿門）があるが、赤門はじつは正門ではない。東京大学が帝国大学と呼ばれていた頃、赤門はその近くに外国人教師の寄宿舎や事務室などがあったことから教師や事務員の通用門として利用されていたと思われる。

東京大学正門の意匠は、湯島聖堂や築地本願寺などを設計したことで知られる建築家・伊東《いとう》忠《ちゅう》太《た》の手によるもので、大正元年(一九一二)に完成した。観音開きのモダンな鉄製の扉を備えた花崗岩の重厚な門柱の間を抜けると、イチョウ並木の枝々が深閑とした鈍色の空に向かってどこまでも真っ直ぐに伸び、その正面中央の一番奥まったところに、時計を冠したゴシック様式の東京大学大講堂(通称、安田講堂)が聳え立っているのが垣間見える。その光景はまさに東京大学の象徴として、訪れる者を威圧するかのように周囲に偉容を誇っている。

もっとも、これは現在見える風景であり、大森教授が通っていた頃は、今とは全く異なる景色が見えていたはずである。なぜなら、安田講堂は東京帝国大学営繕部長の内田祥三教授によって設計され、竣工したのは関東大震災後の大正一四年(一九二五)七月六日である。そのため、震災前に安田講堂はなく、正門からは今のレンガ造りの安田講堂に代わって、理科大学の白い石造りの二階建ての校舎が見えたはずだ。そしてその左手後方には、白亜の洋館の地震学教室を望むことができたと思われる。

この東京帝国大学理科大学地震学教室で日々研究に没頭し、世界の地震学を牽引した人物こそ大森房吉である。

東京大学地震研究所の図書室に通うなかで私は、書庫に併設された特別資料室に地震学教室の校舎の見取り図や写真などが保管されていることを知った。それらの貴重な資料を一枚一枚丹念に見ているうちに、いつの間にか大森教授が研究の拠点とした地震学教室の英姿を、まるで行ったことがあるかのようにありありと頭のなかで再現できるようになっていた。

時代を現代から、大森が教授に就任した明治三十年(一八九七)当時に遡って見てみよう。

東京帝国大学の正門を入ると、並木道の正面に白い石造りの理科大学の校舎が見える。その理科大学の校舎を左（弥生門方向）に回り込むように付けられた脇道を進むと、正面に今度は白い洋館が現れる。純白の漆喰《しっくい》壁に大きな三角屋根を冠した瀟洒な木造の洋館は、「地震学の白亜の殿堂」と呼ばれる地震学教室である。明治のはじめに赤門（御守殿門）の近くにお雇い外国人教師の宿舎として建てられたものが、弥生門の近くに移築改修され、地震学教室の校舎として用いられた。

地震学教室の玄関は校舎の南（理科大学側）にあり、四段に積み重ねられた花崗岩の階段を踏んで地震学教室の入り口を入ると、すぐ右手に応接室、左手に小使室が向かい合わせに並んでいる。それらの扉を見送って建物のなかを進むと、正面に大きな部屋があり表札のような木製の札に墨書で「器械室」と記されたプレートが掲げられている。器械室にはコンクリート製の堅牢な台座の上に大きな地震計が備え付けられており、ここで二十四時間体制で日夜地震観測がおこなわれていた。地震計のある器械室の前を左右に廊下が貫き、左側には地震観測に必要なロール紙や煤などを収納した備品室のほか、事務室や図書室があり、廊下の一番奥には教授室があった。

教授室の扉の銀色のドアノブを押し開くと、正面に大きな木製の机がこちらに向かって置かれており、教授が在席の際は、上唇の左右に短く手入れされた口髭を蓄えた大森房吉主任教授が、背筋を正したいつもの姿勢で椅子に座っている。教授の椅子の背面には天上まで届く背の高い硝子戸の入った書棚が備え付けられ、書棚の右手の壁面には日本を中心とした大きな世界地図が貼られていただろうことが、多くの資料などから自然に想像することができた。

大森が地震学教室の教授になって最初に取り組んだのは、新たな地震計の開発だった。明治三十一年に大森はのちに「大森式地震計」と呼ばれる画期的な高性能地震計を完成させた。

大森式地震計の大きな特長は、高感度の精密観測と、ドラムの連続回転による二十四時間観測を同時に実現した点にある。前者の精密観測を可能にするために、大森式地震計はこれまでの地震計をひときわ大きくした周期十秒の水平振子と、それを支える高さ一・二メートルの鉄柱で構成された。

また、後者の二十四時間観測を可能にするために、記録方式には、回転するドラムに煤を付けた紙（煤煙紙《ばいえんし》）を巻き、水平振子の先の描針で引っ掻いて鮮明な線を描く煤書《すすか》き式を採用した。こうして大森は、微かな揺れや微妙な地震波の特性を正確に連続して記録することのできる画期的な地震計を開発し、器械室に据えつけたのだ。

折しも翌三十二年（一八九九）九月十一日、東京からおよそ四千キロメートル離れたアラスカ沖で大地震が発生した。大森式地震計は、この地震の揺れを手に取るように正確に捉え、これまで観測することができなかった初期微動のP波（震源から最初に到達するカタカタという細かな縦波）や主要動のS波（震源からP波の次に到達するユサユサという大きな横波）の揺れの特性をはじめて詳細に描き出し、世界の地震学者を驚かせた。

大森式地震計は、これまで鯰のように捉えどころのなかった地震という自然現象を、客観的なデータとして的確に捉え、科学的に分析することを可能にし、その後の地震学を大きく進展させた。

この大森式地震計は東京帝国大学に設置されたのをはじめ全国各地の観測所に納入されたほか、

海外の大学や観測所にも輸出され、そのうちの一台は今日イギリスのロンドン自然史博物館（Natural History Museum）で展示公開されている。

また当の大森は、大森式地震計を用いてさまざまな地震を観測した。そうして得られた膨大な観測データを詳細に検証した結果、大森はある傾向があることに気が付いた。それは、初期微動のP波と主要動のS波の到達時間の差（初期微動継続時間）が、震源からの距離（震源距離）に比例して長くなる、という事実であった。

さらに大森は、大正七年（一九一八）に初期微動継続時間と震源距離との関係を決定するひとつの法則性があることを突き止め、一行のシンプルな数式で表現することに成功する。それがあの有名な「x＝7.42 y」なのである。なお、「x」は「震源距離（㎞）」、「7・42」は大森が独自に導き出した「大森係数」、「y」は「初期微動継続時間（秒）」である。この発見を大森は「近距離地震の初期微動継続時間に就きて」と題する論文にまとめ、大正七年二月一八日発行の『震災予防調査会報告　第八十八号―甲』で発表した。

地震学の土台を築いたともいうべき、初期微動継続時間から震源距離を求めるこの数式は、今日「震源距離に関する大森公式」あるいは単に「大森公式（Omori formula）」と呼ばれ、震源の特定に欠くことのできない公式として、世界中の地震学者の間で広く知られている。

大森公式の発見は、地震が起るメカニズムすらわからなかったこの時代に、漆黒の天蓋に瞬く星々の間に何本もの架空の線を引いて星座を読み取る行為にも似て、夥しい断片的な観測結果のなかからひとつの法則性を読み取ることではじめて導き出すことに成功した、近代地震学の金字塔に

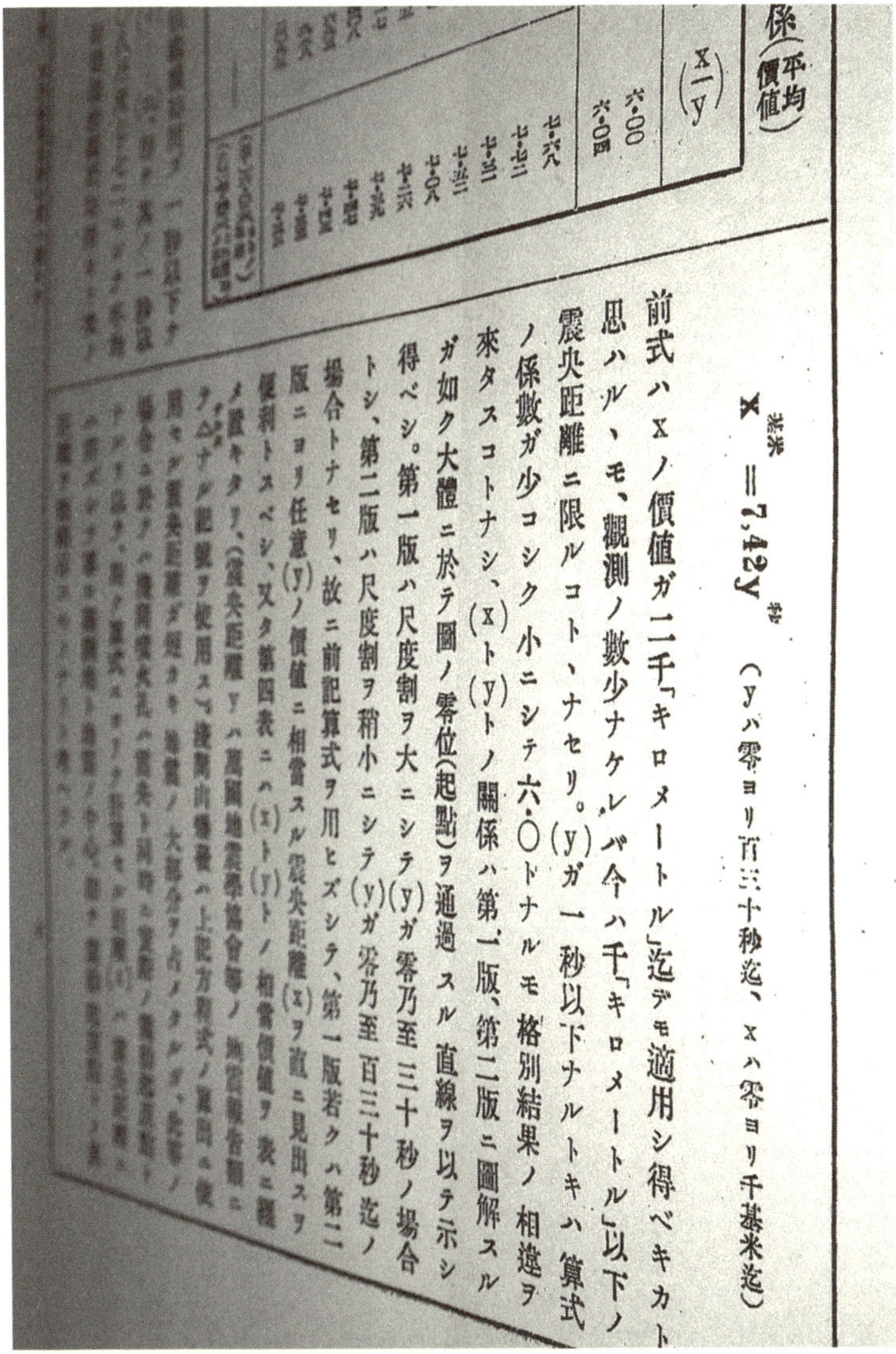

x 基米 =7,42y 秒 （yハ零ヨリ百三十秒迄、xハ零ヨリ千基米迄）
前式ハxノ價値ガ二千「キロメートル」迄デモ適用シ得ベキカト
思ハル、モ、觀測ノ數少ナケレバ今ハ千「キロメートル」以下ノ
震央距離ニ限ルコト、ナセリ。(y)ガ一秒以下ナルトキハ算式
ノ係數ガ少コシク小ニシテ六.〇ドナルモ格別結果ノ相違ヲ
來タスコトナシ、(x)ト(y)トノ關係ハ第一版、第二版ニ圖解スル
ガ如ク大體ニ於テ圖ノ零位(起點)ヲ通過スル直線ヲ以テ示シ
得ベシ。第一版ハ尺度割ヲ大ニシテ(y)ガ零乃至三十秒ノ場合
トシ、第二版ハ尺度割ヲ稍小ニシテ(y)ガ零乃至百三十秒迄ノ
場合トナセリ、故ニ前記算式ヲ用ヒズシテ、第一版若クハ第二
版ニヨリ任意(y)ノ價値ニ相當スル震央距離(x)ヲ直ニ見出スヲ
便利トスベシ、又タ第四表ニハ(x)ト(y)トノ相當價値ヲ表ニ纏

大森公式「x = 7.42 y」の記述のある大森房吉の論文

ほかならない。同時にそれは、膨大なデータを詳細に読み取る几帳面さと自然界に新たな法則性を創造する大胆さという、相反する特性を合わせ持つ大森だからこそなし得た、まさに世界初の快挙であった。

さらに大森は、古文書や文献などから過去に起きた地震の記録を詳細に検証することを通して、地震が多い地帯とそうでない地帯があることに気付き、地震が頻発する地帯を「地震帯（地震地帯）」と名付けた。また大森は、地震の発生には地域ごとにある一定の周期があることなどに気付き、それを「地震周期」と名付けた。こうして大森房吉は、「地震帯」や「地震周期」の存在を世界に先駆けて指摘するなど、近代地震学の礎を築くとともに、地震予知に向けた研究を次々と切り拓いていった。

大森は、地震や津波が起る仕組みの研究から耐震や防災の調査にいたるまで、震災に関する研究・調査に多角的に取り組み、今日の地震学の基盤を一つ一つ着実に築き上げた。それだけでなく、大森の提唱によって「万国地震学協会」が発足するなど、かつてミルンから教示された言葉を忠実に実行し、大森は世界の地震学の第一人者として、まさに地球を舞台に八面六臂の活躍をした。

また、大森は菊池大麓が設立した「震災予防調査会」で、永年にわたって幹事や会長などの要職を歴任した。この間、震災予防調査会が発行した『震災予防調査会欧文紀要（Bulletin of the Imperial Earthquake Investigation Committee）』に掲載された研究報告延べ九十三編のうち、じつに九割近い八十一編までが大森の論文で占められた。明治から大正にかけての地震学が「大森地震学」といわれるのはそのためで、震災予防調査会の歴史は、そのまま大森の地震研究の歴史といっても決して過言ではない。
大森の恩師ミルンは、帰英後の一九〇一年にイギリスの有名な科学雑誌『ネイチャー（Nature）』誌上で「日本の地震学（Seismology in Japan）」と題する論稿を発表した。その論稿でミルンは、日本を代表する地震学者として大森を紹介し、大森が主導する震災予防調査会の研究活動の重要性を次のように表している。

震災予防調査会は、設立以来、いまだ多くの年月を経ぬが、震災予防に関する事項の調査については着々と歩を進め、その報告書は現在における実用地震学の最高宝庫のひとつたることは疑いなきところで、日本が鋭意震災予防調査に従事するのは、たんに自己を益するに止まらず、実用地震学においては世界各国の指導者である。吾人は、その人命財産を震害より救助せんとする努力に対して、感謝の意を表すべきことである。

英国王立協会会員　ジョン・ミルン
（"Seismology in Japan" John Milne『Nature no.63』1901）

第三章　東京大地震襲来論争

今村博士の「丙午東京大地震襲来説」

ジョン・ミルンや大森房吉らによって近代地震学の地盤が固まりつつあったこの頃、東京市民を恐怖に陥れた東京大地震襲来騒動が度々発生した。東京大地震襲来騒動とは、地震学者による正確な情報提供のあり方と、新聞記者による扇情的な報道のあり方とが錯綜し、その間で翻弄された多くの住民は疑心暗鬼を生じ、東京市中が騒乱した一連の事件を指す。騒動のきっかけは、雑誌に載った記事にあった。

明治の末に多くの国民が愛読した雑誌に、日本初の総合雑誌『太陽』（博文館発行）があった。明治三十八年九月、この雑誌に東京帝国大学の今村明恒助教授が寄稿した文章が十頁にわたって掲載された。それは「市街地に於る地震の生命及財産に対する損害を軽減する簡法」と題され、題名通り、万一の地震に備えて、防災対策の簡単な方法を読者に紹介することを目的に書かれたものだった。一見なんの変哲もないこの記事が、なぜ東京市民を巻き込んだ大地震騒動へと発展したのだろうか。

私は、騒動の発端となった『太陽』の記事の全文を自分の目で確かめるために、千代田区永田町一丁目の国立国会図書館に向かった。そして、新館二階の雑誌カウンターで明治三十八年九月発行の『太陽　第十一巻第十二号』を納めたマイクロフィルムを受け取ると、その一六二頁に掲載された「市街地に於る地震の生命及財産に対する損害を軽減する簡法」の記事を目で追った。

左は、その記事の原文の抜き書きである。

市街地に於る地震の生命及財産に對する損害を軽減する簡法　理學博士　今村明恒

明治《めいぢ》二十四年十月二十八日、濃尾《のうび》の大震は一朝にして七千の生靈《せいれい》を亡ぼし、十四萬の家屋《かおく》を燒《せう》失《しつ》若くは潰倒せしめ、爲めに震災地方《しんさいちはう》が直接に被りたる損害《そんがい》は六千萬圓に上る越《こ》えて一年政府《せいふ》は震災豫防調査會《しんさいよばうてつさくわい》を設立し、震災豫防の方法を講究《こうきう》せしむ。會が今日まで發表《はつぺう》するもの、和文報告《わぶんほうこく》五十一冊、歐文報告二十一冊、皆有益《みないうえき》なる報文を含蓄す。然れども之を活用《くわつよう》するの途開けずんば、金玉《きんぎよく》の文章も遂《つひ》に空文とならんのみ、本編《ほんぺん》に於ては、聊《いさゝ》か此點に於て世人に紹介《せうかい》あらんとす。

安政《あんせい》二年の江戸の大震《たいしん》は、今明治卅八年を去ること正《まさ》に五十年なり、此場合《このばあひ》に於ける江戸市中の損害《そんがい》のみが濃尾大震に讓《ゆづ》らず、今斯の如き大震が我帝都に再演《さいえん》せられなば、其損害果《そのそんがいはた》して幾何に上るべきか、死者《ししや》十萬乃至二十萬、財産《ざいさん》の損害は數億圓《すうおくゑん》を下らざるべし。斯の如き時期《じき》に我帝都が接近《せつきん》するのみならず、京阪の如き皆同《みかどう》一の運命にあるものなり。此大厄《だいやく》を容易に脱出《だつしゆつ》するの方法あらば、其實行《そのじつかう》は一日も之を忽《ゆるがせ》にすべきにあらず。本編《ほんぺん》に於ては、茲に最も簡單と思はるゝ一私案《しあん》を讀者に提供《ていきよう》するものなり、由来災害防禦《ゆらいさいがいぼうぎよ》の事業は凡て消極的《しようきよくてき》なれども、予の案《あん》ずるところは稍《やゝ》〃性質《せいしつ》を異にす、尚ほ下文を通覽《つうらん》して其徒《そのいたづら》に皷大《こだい》の文字《もじ》を弄《らう》するものにあらざることを知《し》らるべし。

〈中略〉又此中最激烈なりしもの、即ち千人内外以上《にんないぐわいいじやう》の死人を生じたるは慶安《けいあん》二年《ねん》、元祿《げんろく》十六年《ねん》、安政二年三回大地震《おほぢしん》にして、凡て皆夜間《みな》に起れり。此《この》三大震は、平均《へいきん》百年に一回の割合《わりあひ》に發生《はっせい》し、而して最後《さいご》の安政二年以後既《ねんいごすで》に五十年を經過《けいくわ》したるのみなれば、尚ほ次の大激震發生《だいげきしんはっせい》には多少の時間を剰《あま》すが如しと雖も、然《しか》れども慶安《けいあん》二年後五十四年にして、元禄《げんろく》十六年の大激震を發生《はっせい》したる例あれば、災害豫防《さいがいよぼう》のことは一日も猶豫すべきにあらず。〈後略〉

（『太陽　第十一巻第十二號』博文館、明治三十八年九月）

この文章で今村は、明治二十四年の濃尾地震をきっかけにして震災予防調査会が設立され、以来、震災予防の研究で多くの成果を挙げてきたが、せっかくの成果も一般の人が知らなければ意味がないと前置きし、日本の過去の大地震について次のように論述した。

震災予防調査会がまとめた地震史料には延べ二千六回の地震の記録があるが、そのなかで江戸開府以降、東京で一千人以上の死者を出した大地震は、慶安二年、元禄一六年、安政二年の三回で、平均するとおよそ百年に一回の割合で大地震が起きている。しかし、慶安の地震から次の元禄の地震までの間隔は五十四年であり、最後に起きた安政の地震からすでに五十年が経っているので、東京にいつ大地震が起きても不思議ではない。

さらに今村は、右に記した冒頭の文章に続いて、大地震が東京で起きた場合の被害規模を述べている。それによれば、火災が発生しなければ東京市内の全損害は、圧死者三千人、被害総額は二千万円になるが、もしも火災が発生すれば東京の大半が焼失する大惨事となり、死者は十万ないし二十万人、被害総額は数億円（現在の価値で約十兆円）に達するだろうと推定した。

そのうえで今村は、損害を軽減するためにもっとも重要なことは、火災を起さないことだと主張した。明治の末のこの頃、電灯が登場しはじめてはいたものの、街灯や室内灯のほとんどは一般に石油ランプが用いられていた。そのため、火災を起さないためにすべきことは、石油灯をすべて廃止して電灯に代えることだと提言したのだった。

東京に大地震が起る可能性があり、地震の被害を抑えるためには防火対策がなによりも重要だとする今村の渾身の主張は、多くの読者の目に触れた。しかし、読者からはさしたる反響もないまま、何事もなく年を越した。

明けて三十九年は、干支の組み合わせで四十三番目の丙午《ひのえうま》の年に当たった。

明治三十九年一月十六日、松が明けた雪晴れの朝。明治から大正期に一世を風靡した大衆紙『東京二六新聞』(東京二六新聞社発行)の紙面に大きく今村の名前が報じられた。

早速私は、実際の紙面を見るために国立国会図書館新館四階の新聞資料室を訪ねた。フロアーの一番奥の人気のない書架の前に立ち、明治三十九年一月十六日発行の『東京二六新聞・第六百十号』を取り出した。紙面に目を落とすと、すぐに「今村博士の説き出せる大地震襲来説――東京市大罹災の予言」というセンセーショナルな見出しが目に飛び込んできた。記事の内容は見出し以上に扇情的なものだった。

記事は、今年は丙午の年に当たり、丙午には火災や天災が多く、また名士の死亡も多い、という不吉な書き出しではじまる。それはたんなる迷信にすぎないが、これから紹介する帝国大学教授

（原文ママ）今村博士の説は、学理より大地震を予言したものであるとして、今村博士の説を紹介する。

今村博士によれば、今年より五十年間以内には酸鼻の大地震に遭遇することは明らかで、そうなれば東京全市は灰燼に帰し、死者は十万以上から二十万人に上るだろうと、今村が雑誌『太陽　第十一巻第十二号』（博文館、明治三十八年九月）で想定した被害の大きさを詳しく伝えている。そして、今村博士の説く五十年以内に東京に大地震が襲来するという説の真偽のほどはわからないが、博士の学説を聞き捨てるのではなく、注意すべきなのでここに紹介した、と記事は結んでいる。

東京帝国大学理科大学地震学教室の大森房吉主任教授と今村明恒助教授との論争の直接の引き金となった、東京二六新聞社が作成した「今村博士の説き出せる大地震襲来説」の記事の全文を左に紹介しよう。

今村博士《いまむらはかせ》の説《と》き出《いだ》せる大地震襲來説《おほぢしんしふらいせつ》——東京市大罹災《とうきやうしだいりさい》の豫言《よげん》

年《とし》丙午《ひのえうま》、凶《きよう》か吉《きつ》か、或《あるひ》は云《い》ふ、丙午《ひのえうま》の年《とし》には火災《くわさい》多《おほ》かるべし、現《げん》に本年《ほんねん》は新年以來《しんねんいらい》各所《かくしよ》に火災《くわさい》を出《いだ》し、閑院宮邸《かんゐんのみやてい》をも燒《や》くに至《いた》れるを見よと、或《あるひ》は云《い》ふ、丙午《ひのえうま》の年《とし》には天災《てんさい》多《おほ》かるべし、現《げん》に本《ほん》年以來《ねんいらい》二回《くわい》の强震《きやうしん》あり。大森海岸《おほもりかいがん》には海嘯《つなみ》さへありたるを見《み》よと、或《あるひ》は云《い》ふ丙午《ひのえうま》の歳《とし》には名士《めいし》の死亡《しばう》多《おほ》く現《げん》に九條公《くじようこう》の薨去《こうきよ》、櫻痴翁《ろうちをう》の訃《ふ》は新年早々《しんねんそうく》に之《これ》を觀《み》たるに非《あら》ずやと、斯《か》くの如《ごと》き蜚説《ひせつ》紛々《ふんぷん》たれど何《いづ》れも迷信《めいしん》取《と》るに足《た》らざるも此等《これら》の迷信蜚説《めいしんひせつ》とは稍《やゝ》趣《おもむ》きを異《こと》にし、帝國大學教授今村《ていこくだいがくけうじゆいまむら》博士《はかせ》の一説《せつ》出《い》で來《きた》れり、其《そ》は學理《がくり》より大地震《おほぢしん》の襲來《しゆうらい》を豫言《よげん》せるものにして其《そ》の要領《えうりやう》を擧《あ》ぐれば第《だい》一は新潟地方《にいがたちはう》の事《こと》にして必《かなら》ずしも本年《ほんねん》とは云《い》はざるも今後《こんご》十六年間《ねんかん》には新潟地方《にひがたちはう》に悲惨《ひさん》なる大地《おほぢ》震起《しんおこ》り人畜《じんちく》多數《たすう》を斃《たふ》すべしと言《い》ふにあり

第《だい》二は東京市《とうきやうし》の事《こと》にして東京市《とうきやうし》も最早《もは》や大地震《おほぢしん》の發生期《はつせいき》に近《ちかづ》き居《を》れば今年《こんねん》より五十年間内《ねんかんない》には酸鼻《さんび》の大地震《おほぢしん》に遭遇《そうぐう》すべきは炳《あきらか》なり而《しか》して東京市《とうきやうし》は大地震《おほぢしん》を發生《はつせい》すべき場所《ばしょ》二ケ所《しよ》を有《いう》し一は太《たい》平洋側《へいようがは》にあり其周圍《そのしゆうゐ》極《きは》めて複雑《ふくざつ》なれど、非常《ひじよう》なる大激震《だいげきしん》はこれに由《よつ》て起《おこ》るべく安政年度《あんせいねんど》の大地震《おほぢしん》を再現《さいげん》するも五十年内《ねんない》にあり

其際《そのさい》最《もつと》も軟弱《なんじやく》なる深川本所《ふかがはほんじよ》以下《いか》の土地《とち》は震動《しんどう》の大《おほい》さ八九寸《すん》にて最大加速度《さいだいかそくど》は毎秒《まいべう》三千粍《ミリ》に及《およ》ぶべく橋脚《けうきやく》折《を》れ、寺院《じゐん》倒《たふ》れ、煉瓦建築《れんぐわけんちく》は大抵《たいてい》二階以上《かいいじやう》に於《おい》て全潰《ぜんくわい》し、木造家屋《もくぞうかをく》も一割以上《わりいじよう》を失《うしな》ふべく、山《やま》の手《て》の震動《しんどう》は大《おほい》さ四寸加速度《すんかそくど》毎秒《まいべう》千粍《ミリ》に達《たつ》し粗惡《そあく》の家屋《かをく》は大破損《だいはそん》をなし烟突《えんとつ》は損傷《そんしよう》すべし

殊《こと》に今《いま》や西洋文物《せいようぶんぶつ》の輸入《ゆにふ》と共《とも》に、地震《ぢしん》の災害《さいがい》は其度《そのど》一層《そう》に深酷《しんこく》を加《くは》ふべく煉瓦家屋《れんぐわかをく》、煙突《えんとつ》、鐵《てつ》道《だう》、橋梁《けうりよう》、水道鐵管《すゐだうてつくわん》等何《とういづ》れも災害《さいがい》の重因《ぢういん》をなし殊《こと》に石油《せきゆ》の使用等《しようとう》にて火災《くわさい》一層《そう》に多《おほ》く若《も》し安政年《あんせいねん》度《ど》の大地震《おほぢしん》を今日東京市《こんにちとうきやうし》に於《おい》て繰返《くりかへ》すとせば全市烏有《ぜんしういう》に歸《き》し、水道鐵管《すゐだうてつくわん》は各所《かくしよ》に破損《はそん》して大噴水《だいふんすゐ》を生《しよう》じ、煉瓦《れんぐわ》の家屋《かをく》は破壊《はくわい》して人畜《じんちく》の死傷《ししよう》多《おほ》く市民《しみん》は逃路《にげみち》の少《すくな》きため一層《そう》の危険《きけん》を受《う》け十萬以上《いじよう》二十萬の死者《ししや》を出《いだ》すべしと言《い》うにあり、學説《がくせつ》果《はた》して眞實《しんじつ》の上《うへ》に現《あらは》れ來《きた》るべき乎否《かいな》や天意豫《てんいあらかじ》め期《き》すべからずと言《い》えども漫《みだり》に此説《このせつ》を聞《き》き捨《す》つべきに非《あら》ず、茲《こゝ》に其説《そのせつ》を紹介《せうかい》して滿都《まんと》の士女《しぢよ》を警《いまし》む

（『東京二六新聞』明治三十九年一月十六日）

問題となった新聞記事を今あらためて読み返してみると、丙午の年には火災が多いという江戸初

期の迷信を冒頭で持ち出し、その事例を縷々《るる》並び立てるあたり、悪戯に人の恐怖心を煽る書き方をしているのは明らかだ。

しかし、その先を注意深く読み進めていくと、それらはいずれも取るに足らない迷信蜚説《ひせつ》だとわざわざ断っているし、帝国大学教授今村博士が説く五十年以内に東京に大地震が襲来するという学説を全面的に支持しているわけでもない。また、記事の最後には、将来の地震に備え、今村博士の説を今一度心に留めるために紹介した旨を、穏当な表現で書き添えてもいる。

だが、それにしても、この記事を目にした多くの読者は、丙午の迷信蜚説と帝大教授の学説とを結びつけ、今すぐにでも大地震が来ると理解するだろうことは容易に想像できただろう。事実、丙午の俗説と今村博士の東京大地震襲来説とが合体し、あたかも今村が「丙午東京大地震襲来説」を唱えたかのように多くの東京市民は合点し、理解したのだった。

『東京二六新聞』の記事を読み、恐怖を抱いた読者のなかには、丙午の今年、本当に東京に大地震が襲来するのかどうか、丙午東京大地震襲来説の真偽のほどを確かめるために、東京帝国大学地震学教室の教授に問い合わせした者も少なくなかった。しかし、今村明恒は『東京二六新聞』が伝えたような東京帝国大学の教授ではなく、実際には無給の助教授でしかなく、今村は俸給を得るために陸軍士官学校で毎日数学の教鞭をとっていた。そんな理由から、今村が本郷の地震学教室に顔を出すことは週に何度もなかった。そのため、読者からの問い合わせの対応は地震学教室の教授である大森房吉が当たったと思われる。

その辺りの事情を、当の今村明恒は、自伝的随筆『地震の征服』（南郊社、大正十五年）の「警告の失敗」と題する断章のなかでこう証言する。

此記事は丙午の迷信と共に一部の市民に恐慌を惹起した様であつたが、自分は數日間全く之を知らずに過ごした。さうして大森先生の注意によりて始めて右の記事を一見することも出來、頗る不本意に思つた。且つ大森先生からも取消を出す様勧められたので、次の様な書面を同新聞(同月十九日分)に載せて貰つた。

(「警告の失敗」今村明恒『地震の征服』南郊社、二一頁)

今村が「頗る不本意に思った」のには、二つの大きな理由があった。第一の理由は、今村が雑誌『太陽　第十一巻第十二号』(博文館、明治三十八年九月)に書いた主旨、つまり「損害を軽減する簡法」について新聞では一切触れられていないことにある。そして、第二の理由は、丙午には天災が多いという俗説と今村が地震周期に基づいて五十年以内に東京に大地震が来る可能性が高いとした自説とを関連づけ、あたかも丙午の今年、東京に大地震が襲来すると予言したかのように掲出したことにあった。

かくて今村は、大森教授の勧めで東京二六新聞社に記事の取り消しを求める抗議文を書き送り、その抗議文を「同新聞(同月十九日分)に載せて貰った」という。

私は再び国立国会図書館新館四階の新聞資料室を訪れ、『東京二六新聞』が収蔵されている書架から明治三十九年一月十九日発行の『東京二六新聞・第六百十三号』を取り出し、紙面に目を通した。すると、その第三面に「大地震の襲來說として掲載せる記事に關し今村理學博士より左の如き來翰ありたり」の見出し付きでそれは掲載されていた。

大地震《おほぢしん》の襲來説《しふらいせつ》として掲載《けいさい》せる記事《きじ》に關《くわん》し今村理學博士《いまむらりがくはかせ》より左《さ》の如《ごと》き來翰《らいかん》ありたり

（前略《ぜんりやく》）該記事《がいきじ》に付《つい》て小生《せうせい》の遺憾《ゐかん》とする所《ところ》は曾《か》つて太陽紙上《たいやうしじやう》にも詳述《しやうじゆつ》せる小生《せうせい》の論旨《ろんし》卽《すなは》ち該論文《がいろんぶん》の標題《へうだい》「震災を輕減する方案」を掲載《けいさい》せられざりし事《こと》に有之候《これありそろ》

新潟地方は高田地方の誤に可有之候《これあるべきそろ》、此誤《このあやまり》は新潟地方《にひがたちはう》若くは高田地方《たかたちはう》の人士《じんし》にとりては大關係《だいくわんけい》可有之《これあるべく》と存《ぞん》じ候《そろ》に付特《つきごく》に御注意申上候《ごちういまをしあげそろ》三百年以來《ねんいらい》の歴史地震《れきしぢしん》を調査《ていさ》したる結果安政《けつくわあんせい》二年《ねん》に於《お》ける江戸大地震《えどおほぢしん》の程度《ていど》の地震《ぢしん》は東京地方《とうきやうちはう》に於《おい》て平均《へいきん》百年高田地方《ねんたかたちはう》に於《おい》て平均《へいきん》七十七年《ねん》に有之候《これありそろ》、安政《あんせい》二年《ねん》の江戸大地震《えどおほぢしん》は明治《めいぢ》卅九年《ねん》を去《さ》る事《こと》五十一年《ねん》、弘化《こうくわ》四年《ねん》に於《お》ける高田地方《たかたちはう》の地震《ぢしん》は六十二年《ねん》前《ぜん》に有之候《これありそろ》、小生《せうせい》は此統計《このとうけい》の結果《けつくわ》より豫想《よさう》して我東京《わがとうきやう》に於《おい》ては今後《こんご》五十年位《ねんぐらゐ》の中《うち》、又高田地方《またたかたちはう》に於《おい》ては十五年位《ねんぐらゐ》の中《うち》に激烈《げきれつ》なる地震《ぢしん》の起《おこ》るべき事《こと》ことを覺悟《かくご》せざる可《べ》からず、若之《もしこれ》に備《そな》へざるに於《おい》ては極《きは》めて慘憺《さんたん》たる災害《さいがい》を被《かうむ》るべき事《こと》を描出《べうしゆつ》し而《しか》して之《これ》に備《そな》ふる方法《はうはふ》を提出《ていしゆつ》したりし也《なり》、此《この》最後《さいご》の主眼《しゆがん》とする處《ところ》を省《はぶ》き却《かへつ》て丙午《ひのへうま》と火災《くわさい》との緣《えん》に依《よ》り又普通《またふつう》の豫言なる意味《いみ》に於《お》いて掲出《けいしゆつ》せられたるは遺憾《ゐかん》に不堪候《たへずそろ》

東京市内《とうきやうしない》に於《お》ける地震上《ぢしんじやう》の安全區域《あんぜんくゐき》に就《つい》ても太陽《たいやう》（卅八年《ねん》九月發行《はつかう》）紙上《しじやう》に揚《かゝ》げあり候《そふら》へば讀者《どくしや》は小生《せうせい》の主旨《しゆし》と共《とも》に該紙上《がいしじやう》の記事《きじ》にて承知《しようち》あり度《たし》、多少修正《たせうしうせい》の意味《いみ》を以《もつ》て如斯《かくのごとく》に候也《そろたり》

（『東京二六新聞』明治三十九年一月十九日）

右の今村の抗議文が載ったのは、東京二六新聞社が「今村博士の説き出せる大地震襲来説——東京市大罹災の予言」の記事を掲載してから三日後のことで、素早い対応といっていい。

私は引きつづき国立国会図書館新館四階の新聞資料室で、今村の大地震襲来説の関連記事がほかにないか『東京二六新聞』の紙面を丁寧に何度も当たった。しかし、今村が求めた記事の取り消しおよび訂正記事はついに見付けることはできなかった。

さらに私は、『東京二六新聞』以外の新聞にも対象を広げ、複数の新聞紙面に一面ずつ目を通していった。そして、ついに今村の大地震襲来説に関連する記事を発見した。記事を掲載したのは、『東京二六新聞』とライバル関係にあった朝報社が発行する『萬朝報』だった。

今村の抗議文が『東京二六新聞』に掲載された五日後の一月二十四日、朝報社は、『東京二六新聞』に対抗するかのように「大地震襲来は浮説」の見出しを大きく掲げて特集記事を組んだのである。これがのちに、今村明恒と大森房吉との東京大地震襲来論争へと発展し、爾後「大地震襲来は浮説」という言葉が度々登場することになるのだが、「浮説」の言葉が登場するのは、このときの朝報社の記者が書いた記事が最初である。

『萬朝報』の記事の内容はおよそ次の通りである。

某（東京二六）新聞が今村博士の説として、東京に五十年のうちに大地震があり、その震災の結果をまるで見てきたようにあれこれ記した。それを読んだ読者は、丙午の今年、大地震が襲来すると口伝てに噂し合い、東京市中はパニックになった。そして、今村博士は当初の主旨と記事とが大きく異なるため、東京二六新聞社に対して訂正するよう書面で申し入れたが、その抗議文がそのまま公開されたために、かえって騒ぎが大きくなってしまった。その対応に苦慮した今村博士から我が朝報社に次のような投書があった。

朝報社の記者による以上の記事につづいて、紙面には今村が朝報社に送ったとする投書が掲載されている。左は、「大地震襲来は浮説」と題する『萬朝報』の記事と、今村明恒が朝報社に署名入りで投書した「震災予防に就て」と題する書簡の全文である。

大地震襲来《おほぢしんしふらい》は浮説《ふせつ》

某新聞《ぼうしんぶん》が先頃《さきごろ》今村理學博士《いまむらりがくはかせ》の說《せつ》として越後高田地方《えちごたかだちはう》にハ十五年《ねん》の中《うち》に、東京《とうきやう》にハ五十年《ねん》の中《うち》に大地震《おほぢしん》のあるべき由《よし》を掲載《けいさい》したるが此記事《このきじ》ハたゞ地震《ぢしん》の恐《おそ》るべき結果《けつくわ》を見《み》て來《き》た樣《やう》に列記《れつき》しありし爲《た》め其讀者《そのとくしや》のそれより是《これ》と傳《つた》へられ或《ある》一部《ぶ》に大恐慌《だいきようくわう》を來《き》たさんとしつゝありし折《をり》も折《をり》一昨々夜《さくくや》の長地震《ながぢしん》ハ深《ふか》くも世人《せじん》を驚《おどろ》かしめ、某新聞《ぼうしんぶん》の如《ごと》きハ故意《こい》か偶然《ぐうぜん》か地震《ぢしん》の場合《ばあひ》に對《たい》する心得《こゝろえ》について世間《せけん》の意見《いけん》を募集《ぼしふ》するなどゝいふ企《くわだ》てに出《い》でたるより臆病《おくびやう》なる人人《ひとびと》ハいよ〳〵氣《き》を揉《も》み出《だ》し語《ご》弊担《へいかつ》ぎ連之《れんこれ》に相槌《あひづち》を打《う》ち今年《ことし》ハ丙午《ひのえうま》の事故《ことゆゑ》きつと大地震《おほぢしん》が來《く》るに相違《さうゐ》ないなど騷《さわ》ぎ出《だ》し大地震襲《おほぢしんしふ》來《らい》の浮說《ふせつ》到《いた》る處《ところ》に喧《かまび》すし、是《これ》れ實《じつ》に飛《と》んでもなき事《こと》なり、吾人《ごじん》ハ最初《さいしよ》に大地震襲來《おほぢしんしふらい》の記事《きじ》を掲《かゝ》げし同業者《どうげふしや》に向《むか》つてハ十分《ぶん》の同情《どうじやう》を有《いう》するもの其記事《そのきじ》が語《かた》つて悉《つく》さゞりし爲《た》めに今村博士《いまむらはかせ》の意見《いけん》と齟齬《そご》する所《ところ》ありしを遺憾《ゐかん》にハ思《おも》ひしが同新聞《どうしんぶん》が自《みづ》から訂正《ていせい》せしものにより世人《せじん》の疑惑《ぎわく》ハ十分《ぶん》に薄《うす》らぎ得《う》べしと待《ま》ち設《まう》けしに拘《かゝは》らず、事實《じゞつ》ハ却《かへ》つて其疑惑《そのぎぎわく》の火《ひ》の手《て》を大《てい》にしたるハ口惜《くちを》し、之《これ》についてハ今村博士《いまむらはかせ》も豫程《よほど》迷惑《めいわく》し居《を》らるゝ由《よし》にて、左《さ》の如《ごと》き書《しよ》を我社《わがしや》に送《おく》られたり

「震災豫防《しんさいよばう》に就《つい》て」　理學博士　今村明恒

都市《とし》に於《お》ける震災《しんさい》を豫防《よばう》する方法《はうはふ》に就《つい》て予《よ》は昨《さく》三十八年《ねん》九月の太陽紙上《たいやうしじやう》に掲載《けいさい》する所《ところ》ありしに頃日某新聞《けいじつぼうしんぶん》にては予《よ》に一言《ごん》の斷《ことわ》りなく右論述《みぎろんじゆつ》の主眼《しゆがん》とする震災豫防《しんさいよばう》の方法《はうはふ》は全《まつた》く省《はぶ》き單《たん》に丙午《ひのえうま》と火災《くわさい》との縁《えん》により普通《ふつう》の豫言《よげん》なる意味《いみ》を以《もつ》て「若《も》し市民《しみん》が豫防《よばう》の方法《はうはふ》を速《すみやか》に講《かう》ずるにあらざれば遂《つい》に避《さ》くべからざる慘憺《さんたん》たる狀況《じやうきやう》」のみを摘記《てきゝ》せられたり予《よ》は頃日某新聞《けいじつぼうしんぶん》の記者《きしや》に會《くわい》したることなく又該新聞《またがいしんぶん》を閲讀《えつどく》したることなきを以《もつ》て遂《つひ》に一兩日《りようじつ》は該記事《がいきじ》を知《し》らずに經過《けいくわ》したりしに貴社《きしや》の記者《きしや》の訪問《はうもん》によりて始《はじ》めて右登載《みぎとうさい》のことを知《し》り尋《つい》で我師《わがし》とする大森博士《おほもりはかせ》の好意《かうい》によりて記事《きじ》を一讀《どく》し呆然《はうぜん》たるを得《え》ざること能《あた》わざりき即《すな》はち直《たゞち》に筆《ふで》を呵《か》して某新聞《ぼうしんぶん》に該記事《がいきじ》の修正《しうせい》を申込《まをしこ》みたり果《はた》して予《よ》の豫想《よそう》に違《たが》はず市民《しみん》は突然《とつぜん》なる前記事《ぜんきじ》によりて疑惑《ぎわく》を生《しやう》じたるものありしが如《ごと》くごとく予《よ》に向《むかつ》て直接或《ちよくせつあるひ》は書面《しよめん》を以《もつ》て説明《せつめい》を求《もと》むるもの多《おほ》く予《よ》も亦頗《またすこぶ》る困難《こんなん》を感《かん》じ居《ゐ》たりしが幸《さいはひ》に貴社《きしや》の記者足下《きしやそくか》は予《よ》の意《い》のある所《ところ》を諒《りやう》とし卅八年《ねん》九月太陽紙上《たいやうしじやう》の記事《きじ》に就《つい》て同情《どうじやう》を寄《よ》せられたり予《よ》は切《せつ》に委囑《ゐしよく》す該記事《がいきじ》の中《うち》より「震災《しんさい》の際《さい》に於《お》ける心得《こゝろえ》、建築土木工事等《けんちくどぼくこうじとう》に關《くわん》する注意《ちうい》、火災《くわさい》の豫防方《よばうはう》法《はふ》、東京市内《とうきやうしない》に於《おい》て山《やま》の手又《てまた》ハ（銀座《ぎんざ》、淺草《あさくさ》の元鳥越等《もとゝりこえとう》）下町《したまち》に於《お》ける震災安全區域《しんさいあんぜんゐいき》、本所《ほんじよ》、深川《ふかゞは》、北部淺草若《ほくぶあさくさもし》くハ昔時《せきじ》の小川町《をがわまち》、駿河臺麹町臺間《するがたいかふぢまちだいかん》の低地《ていち》」邊《へん》の如《ごと》き危險區域及《きけんくゐきおよ》び其中間區域等《そのちうかんくゐきとう》」苟《いや》しくも市民《しみん》の知と利益《りえき》となるべきことあらば之《これ》を朝報紙上《てうはうしじやう》に拔萃《ばつすゐ》して以《もつ》て予《よ》の趣旨《しゆし》のある所《ところ》を明《あきら》かにし賜《たま》はんことを

（『萬朝報』明治三十九年一月二十四日）

なお、「震災豫防に就て」と題する今村の投書を要約すると次のようになる。

「私が太陽誌上で震災予防の方法について書いた内容を、その主旨に反して某（東京二六）新聞は無断で要約し、しかも私の学説を丙午の災いと関連させて大地震の予言として伝えた。その新聞報道を貴社（朝報社）の記者から知り、大森博士と相談して某新聞に記事の修正を申し込んだが、意に反して大きな騒ぎとなってしまった。しかし幸いにも、貴社の記者の厚意により、私が書いた震災予防に関する文章が萬朝報紙上で抜粋・掲載されることは、市民の利益になると同時に私の本意が市民に明らかになることでもあり、そうなることを願う」。

今村の投書につづいて記事は、今村が太陽誌上で発表した論文は有益だが、一部の人々が騒いだため、少しでも安心してもらえるよう東京帝国大学理科大学地震学教室主任の大森博士に意見を求めた、と伝えている。すると大森博士は記者の質問に対して、「大地震は予知が難しく何時来るか断言することはできません。そのため、つねに準備を怠らないことが必要です。読者の皆さんは今村博士が提唱する震災予防法に習い修得しておくべきでしょう」と答えたという。

左は、その原文である。

博士《はかせ》が太陽《たいやう》に掲《かゝ》げたる議論《ぎろん》ハ誠《まこと》に有益《いうえき》なる者《もの》にして世人《せじん》が是非心得《ぜひこゝろえ》置《お》くべき事《こと》なり、然《さ》れど世《せ》人《じん》の或者《あるもの》ハ今《いま》にも地震《ぢしん》が足元《あしもと》から湧《わ》き出《だ》しさうに思《おも》ひ居《ゐ》る事故少《ことゆゑすくな》くとも彼等《かれら》に向《むか》つて安心《あんしん》の頓服《とんぷく》剤《ざい》を用《もち》ふる必要《ひつやう》あり、即《すなは》ち先《ま》づ理科大學地震室《りくわだいがくぢしんしつ》の主任《しゆにん》なる大森理學博士《おほもりりゝがくはかせ》の地震《ぢしん》に對《たい》する意見《いけん》を紹《せう》介《かい》せん博士曰《はかせいわく》く「大地震《おほぢしん》ハ〈中略〉豫知《よち》しがたいものとすれバ何時御見舞《いつおみま》ひ來《きた》らぬとも斷言《だんげん》ハ出《で》

來《き》ず、盗賊《どろぼう》の入《い》らぬ中《なか》に縄《なは》を掏《な》ふハ無駄《むだ》な事《こと》に非《あら》ずこゝに於《おい》てか讀者諸君《どくしやしよくん》ハ今村博士《いまむらはかせ》の豫防法《よぼうほふ》を心得置《こゝろえお》かざるべからず」　（前出）

この時点で大森は、今村が提唱する震災予防法を高く評価しており、少なくとも批判してはいないことがわかる。

ところで、「震災予防に就て」と題する今村が投書したという文面を読むと、たとえば、「幸《さいはひ》に貴《き》社《しや》の記者足下《きしやそくか》は予《よ》の意《い》のある所《ところ》を諒《りやう》とし」や、「同情《どうじやう》を寄《よ》せられたり」など、短い文章のわりには、朝報社の記者を誉めそやす表現が幾度も登場し、本当に今村本人が書いたものなのか疑問が湧いてくるのである。

一方、当時、『東京二六新聞』を発行する東京二六新聞社と『萬朝報』を発行する朝報社は激しい販売競争を繰り広げ、互いの非をあげつらうことが度々あり、やらせのでっち上げ記事を掲載することも珍しくはなかった。

またこの頃、新聞記者は花形職業のひとつに挙げられた。たとえば慶應義塾大学を卒業して朝報社の記者となった石川安次郎《いしかわやすじろう》は、〝政界ゴシップの天才〟といわれた名うての操觚者《ジャーナリスト》として知られていた。朝報社にはそうした敏腕記者が多数所属しており、今村の投稿とされる記事がそうした記者によって企画編集され、大森ならびに今村の承諾を得て掲載されたものであったとしても不思議ではない。

いずれにしても、このあと今村と大森の地震論争が周知のもとに展開することになるのだが、二人が対立した理由のひとつに、『東京二六新聞』と『萬朝報』のライバル紙の関係が、そのまま今村と大森に飛び火したと見ることもできる。

ともあれ、『萬朝報』の「大地震襲来は浮説」の記事は、『東京二六新聞』が火種となって東京市民の間に瞬くうちに燃え広がった「丙午東京大地震襲来説」の風聞を打ち消すことを目的に企画編集されたその企ては奏を功し、数日後には巷間から地震の風聞はすっかり影を潜めた。

人々が地震の恐怖からようやく解放されたと思った矢先、寝た子を起すような事件が再び起きる。今村明恒が著した新著『地震学』の新聞広告が『萬朝報』『報知新聞』『東京朝日新聞』の各紙に一斉に掲載され、それが大きな反響を呼んで再び今村に世間の耳目が集まったのだ。

新聞に新刊広告が掲載されたのは、『萬朝報』に「大地震襲来は浮説」の記事が掲載された一週間後の一月三十日。国立国会図書館新館四階の新聞資料室でその日の新聞各紙を揃えると、果たしてそれはあった。紙面を開いた瞬間、まるで新聞の大見出しのように黒ベタに白抜きされた『地震學』の書名が目に飛び込んできた。書名の上には「理學博士今村明恒新著」の活字が配されている。

四角い広告スペースが文字で埋め尽くされ、ところどころに一際大きく、「世界中地震最多國」「新潟懸高田地方」「東京地方」「二大激震の襲來」「死傷者の數二十萬」「今村博士」「地震前知法震害輕減法」「最大危險區域」「金壹圓」の活字が仰々しくジグソーパズルのように隙間なく並んでいる。その内容は、今話題の理学博士今村明恒の新著『地震學』を買って、来るべき大地震に備えることを訴えかけた、要は丙午東京大地震襲来説を扇情的《センセーショナル》に喧伝するメッセージ広告であった。

記事と見紛うような文面の末尾には、「天下公益の爲三月十日迄に直接本社へ申込みの分に限り特別減價金壹圓にて需に應すべし」とあり、最後に読者はこれが記事ではなく広告であることに気付く仕掛けになっており、見事な広告のつくりに感心させられた。

左は、その広告文である。

理學博士今村明恒新著『地震學』菊版四百頁挿畫六十四個入全一冊定價金一圓二十錢郵税金十錢我日本は「**世界中地震最多國**」の一なり而して日本國民の暢気なる不用意に煉瓦家屋を造り水道鐵管を設け電線橋梁を架し工場煙突を築き晏如として農工商業を營み平然として政治文學を云々し而して震災一來一切の生命財産倏忽として烏有に歸するを知らず地震學に關する知識の普及は帝國刻下の一大急務なり況んや「**新潟懸高田地方**」は今より約十六年以内に「**東京地方**」は今より約五十年以内に「**一大激震の襲來**」あるべきこと學理上争ふべからざる事實なるをや若し夫れ今日の帝都に安政度の如き激震の襲來あらんか其被害の程度決して昔日の比にあらず下町方面に於ける煉瓦建物は大抵全潰し水道鐵管挫折して到る處に大噴水を生じ石油ランプは火災を誘起して全市火災に包まれ「**死傷者の數二十萬**」に達すべし豈竦然として怖れざるを得んや此時に當り「**今村博士**」其蘊蓄を傾注して此新著を公にし「**地震前知法震害輕減法**」等通俗明快に記述して餘す處なし之を帝國國民の救世主と稱せんも誰か誣言と云はんや帝國國土の住人請ふ早く本書を購讀して必然來るべき禍災に備へよ是豈一己の私利のみならんや亦實に公徳上の一大義務なり特に日本國中随一の多震地たる東京市其東京市中にありても「**最大危險區域**」たる本所深川日本橋高砂町芝柴井町より金杉附近下谷池端茅町七軒町敷寄屋町淺草門跡裏より吉原に至る一帯地小石

川江戸川通大下水通より三﨑町小川旧飯田町を経て赤坂溜池に至る一帯の地に住する市民の如き若し晏然として一日を緩うするが如きことあらば假令生命財産を愛せざる大痴呆たる悪評は避け得とも公徳を解せざる不徳漢たる怒罵は甘受せざるべからず本社は天下公益の爲三月十日迄に直接本社へ申込の分に限り特別減價「**金壹圓**」にて需に應すべし

東京銀座一丁目

大阪北久太郎町　大日本圖書株式會社

（『東京朝日新聞』明治三十九年一月三十日）

新刊広告は今も昔も広告主である出版社の、主に販売部門が中心になって作成する。当然、今村明恒の処女出版となった著書『地震学』の新聞広告も、広告主の大日本図書が企画制作したと思われ、著者である今村の感知するところではなかっただろう。

新聞各紙の紙面に仰々しく掲載された今村の新刊広告は、東京市民を地震の恐怖に怯える日々に再び引きずり戻した。そんな折りも折、東京に強震が起きた。二月二十三日、午後六時五十分二十七秒。ゆっくりと小刻みな横揺れが東京全域を襲った。最大水平動は神田一ッ橋で一分《いちぶ》を記録し、震源は東京から東方にわずか百二十キロメートル隔てた上総沖であった。それからおよそ十四時間後の翌二十四日、午前九時十四分四十二秒。ふたたび東京全域をさらに強い横揺れが襲った。揺れは昨夜よりも大きく、最大水平動は神田一ッ橋で三分三厘、震源は東京にさらに近い東京湾東岸だった。

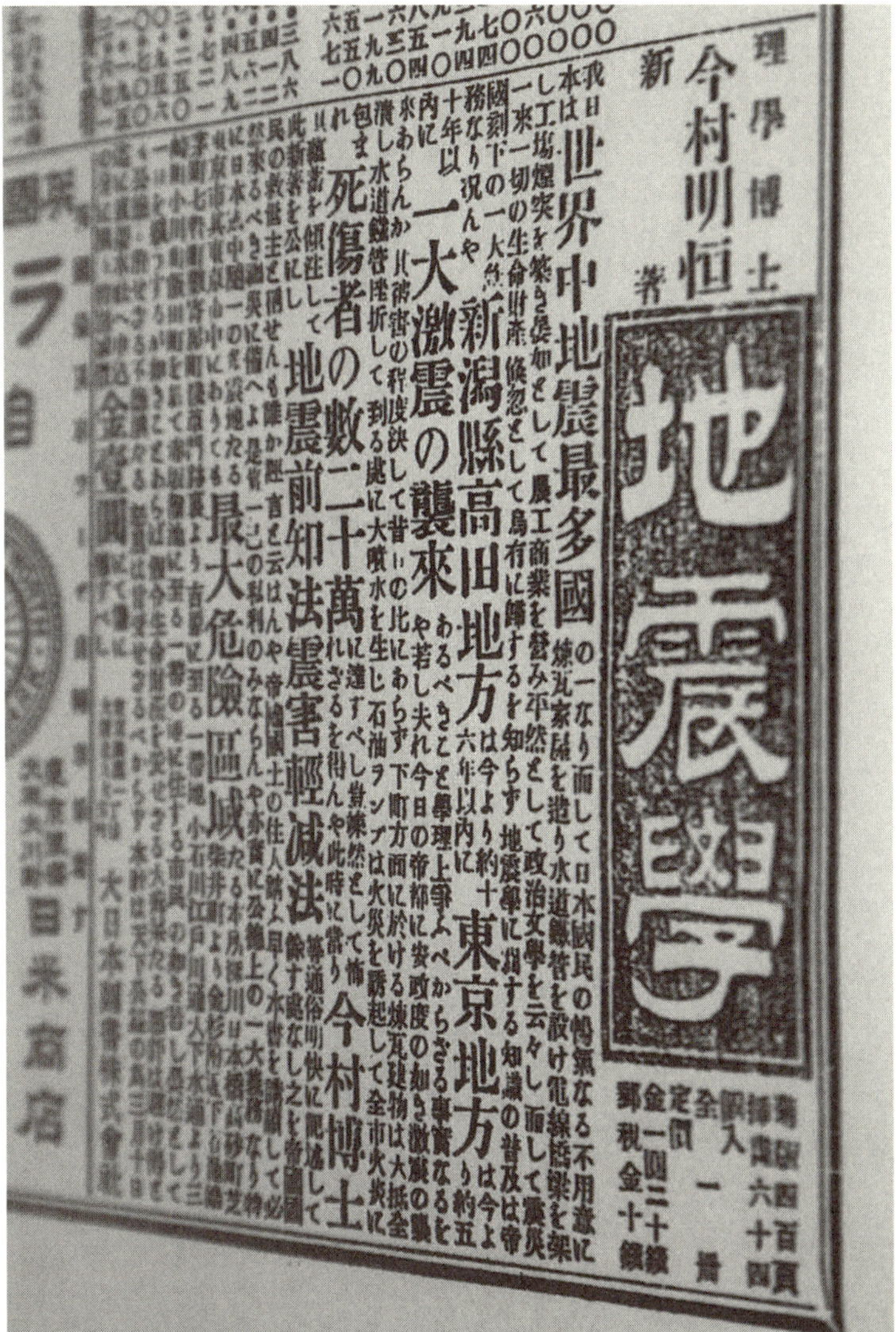

今村明恒の新著『地震学』（大日本図書刊）の新聞広告

東京では近年稀な強震が、しかも二日連続して起きたことは、人々の体とともに心をも大きく揺り動かし、今村博士の丙午東京大地震襲来説を強く意識させた。そして、度重なる一連の地震は、今村博士がいう大地震の予兆ではないかと訝しみ、東京市民は震恐した。

二回目の地震があった同二十四日の正午頃、芝区芝口二丁目（現在の港区新橋二丁目）の複数の電信柱に貼り紙が張り出され、そこには、

「只今、中央気象臺ヨリ大地震アリトノ通達ニ付キ、各自ニ注意アルベシ」と手書きの文字が書かれていた。

これを目にした住民は、その情報を口々に伝え合った。そして正午ごろ、中央気象台員を名乗る者から、「本日午後三時から四時までの間に東京に大地震があるので用心願います」という電話が内閣官房、衆議院、文部省、逓信省、各大臣官邸、政党事務所、公使館、病院の各所に入った。

その情報はどこからともなく洩れ伝わり、瞬くうちに市中に広まっていった。

なお、当時中央気象台では地震警報は出してはおらず、地震情報はもっぱら、大森房吉主任教授が率いる東京帝国大学理科大学地震学教室の専任事項であったため、一連の地震情報は誰かの悪戯であるのは明らかだ。

しかし、多くの市民はこの風聞を迷信した。ある学校では生徒全員を早退させ、商店街は軒並み店を閉め、工場は操業を停止した。また、家財道具を大八車に乗せて戸外の公園などに避難する者も続出した。

その頃、本郷の地震学教室では、大地震の問い合わせの電話が引きも切らず鳴りつづいた。加え

て、記者のほかに近くの住民も押し寄せ、その対応のために大森と今村は忙殺された。

このとき大森は、新聞記者に大地震騒動の噂は事実無根であることを説明し、そのことを速やかに広く伝えるために新聞の号外を出すよう依頼した。そして、その日のうちに号外は出た。ところが、号外を配る売り子が鈴を鳴らしながら「大地震の号外！　大地震の号外！」と大声で市中に触れ回ったために、かえって地震の噂を吹聴し、火に油を注ぐ結果となり、東京市中は上を下への大騒ぎとなった。

そして、午後三時を迎えた。人々は固唾を呑んで深閑とときが過ぎていくのを見守った。午後四時を過ぎても地面は微動だにしなかった。だが、予告の時刻が過ぎても、人々の心から不安は消えなかった。

折しも、日英同盟の締結を受けて英国国王の名代として来日していたコンノート殿下（Prince Arthur Duke of Connaught, 1850-1942）が、この日、上野の奏楽堂《そうがくどう》での洋楽演奏会に臨場する予定になっていた。だが、地震騒ぎにより演奏会は急遽取り止めとなった。さらにこの日の夜、コンノート殿下は銀座の歌舞伎座を訪れる予定になっていた。昼の奏楽堂の演奏会は中止となったが、夜の歌舞伎座は予定どおり開かれる手筈で進められた。

このとき歌舞伎鑑賞を中止とすべきか、その対応に苦慮していた外務省接伴《せっぱん》係の事務官から、地震学教室の大森主任教授宛てに一本の電話がかかってきた。大地震があるかないか、地震学の最高権威である大森に直接確認するためである。むろん、大森は地震はないことを即座に受け合った。

そのときの有様を大森房吉はのちに自著『地震学講話』（東京開成館、明治四十年）のなかで、「日本は地震の研究を以て先進者なりと自らも信じ、他からも信じられておるに斯様な不始末を外國貴賓滞在中に現出したなどは、實に面目無い心地がします」と、忸怩《じくじ》たる心のうちを率直に記している。

同夜英國親王は歌舞伎座に赴かせらるべき豫定でしたが、此の騒動の爲め接伴係の諸員は大きに氣を揉み、私が大震無いと保證すれば同座に臨ませられるとの事でしたから、素より大震有ると信じられる徴候とてはありませんから、私は斷然と大地震はありませんと御受け合ひをしました。之で時刻後れて同殿下は歌舞伎座に成らせられました。日本は地震の研究を以て先進者なりと自らも信じ、他からも信じられてをるに斯様な不始末を外國貴賓滞在中に現出したなどは、實に面目無い心地がします。市民の恐慌は中々に止まず、終夜日比谷公園に避難した向も多うございました。随分滑稽な彙聞も尠くありません。左に當時の新聞紙を掲載しませう。〈中略〉

丙午こわやの地震今朝ゆりて　日比谷公園ベンチ賑ふ

誰やらの電話地震とふざくれば　八百八町ゆらぎにゆらぐ　——讀賣新聞所載

（「大地震の浮説」大森房吉『地震學講話』東京開成館、一八六～一八七頁）

二人の帝大博士による大地震論争

振り返って、「震災予防に就て」と題する今村明恒の投書が『萬朝報』（朝報社、明治三十九年一月二十四日）に掲載された際、大森房吉は朝報社の記者の質問に対して「大地震は予知が難しく何時来るか断言することはできません。そのため、つねに準備を怠らないことが必要です。読者の皆さんは今村博士が提唱する震災予防法をよく読んで心得ておくべきでしょう」という主旨のコメントを述べている。この時点では大森は、今村が提唱する震災予防法を評価しており、批判してはいない。

しかし、今村の新著『地震学』の地震への不安を煽るような扇情的な新聞広告（明治三十九年一月三十日）が出たことによって東京市民は再び疑心を抱き、さらにビラや電話による浮説に踊らされた大勢の市民や代議士、英国コンノート殿下をも巻き込んだ一大騒動となった。ことここに至り、そのすべての責任を痛感した大森は、これまでの対応から一歩踏み込んだ行動に出る。

それは、一連の騒動の火種となった今村の「市街地に於る地震の生命及財産に対する損害を軽減する簡法」の論旨を否定し、東京大地震襲来説が浮説であることを証明することだった。その証明の舞台に大森が選んだのは、今村が寄稿した雑誌『太陽』であった。かくて、『太陽』を舞台に繰り広げられた東京大地震襲来説をめぐる二人の帝大博士による地震論争に、世間の耳目が集まった。

大森は今村への対論を「東京と大地震の浮説」と題して明治三十九年三月発行の『太陽』に発表した。その対論で大森は、今村が最初に『太陽』で述べた、東京に大地震が襲来する根拠とした地震周期を取り上げ、今村が主張する百年周期説を否定して見せたのだ。

大森が今村説を否定した内容を詳しく見るために、まずは、大森房吉が『太陽』で発表した「東京と大地震の浮説」を次に抜粋しよう。やや長文だが、内容は比較的わかりやすい。なお、誌面の後半部分は、今村と同じく防災に関する読者への呼びかけに当てられている。

東京と大地震の浮説

理學博士　大森房吉

本年は丙午の歳なれば、火事多かるべしとの俗說ありし所に、今後約五十年の内に、東京に大地震が起りて、二十萬人の死傷者を生ずべしとの浮說、一たび現はれしより、頗る人心を動揺せしめ、東京が今にも丸る潰れになる程の、災害を蒙るべきことは、學理上争ふ可からざる事實なり、など〻の噂廣まり、世人の迷惑せること尠なからざるが、元來不完全なる統計に依れる調査を基として、間違無く將來の出來事の時日を豫知し得べきにも非ず。東京激震の說の如きも、結局地震の起れる平均年數より生ぜるものなれば、學理上の價値は無きものと知るべきなり。

次に東京大地震は、果して頻繁なるべきか、又は今後東京に大地震ありとすれば、其の震動の强さは如何なるべきかの二問題に就きて少しく述べんとす。

東京の地震と云へば、世人は直ちに安政二年の江戸大地震の如きものと思ふべけれど、常に左る事には非ざるなり。震災豫防調査會が、編纂せる大日本地震史料に依るに、慶長以後に於ける江戸及び其の附近の地震にして、多少震害を生じたるものは、合計十八回なるが、最も激しかりしは、安政二年十月二日夜四ツ時の地震にして、之に次げるは元祿十六年十一月二十二日丑の刻の地震なり。他の十六回は何れも此等よりは遥に弱小なりき。又十八回地震の内、八回は震動の强さ伯仲の間にあり。其の震原は盖し陸地内にありて、明治二十七年六月二十日東京激震と、粗其震央を同ふするならんが、二十七年地震は東京深川、本所及び草加、鳩ケ谷、川口、等震動强く震央は岩槻近傍より東京灣に延長する一地帯なるべく、安政二年の大地震も同一震原に屬するものなるべしと思はる。他の六回の地震は小田原に於て最も强く、其震原は相模南部若くは相模灘に在りて、明治二十年一月十五日の激震の震央、即ち相模國大山の南麓より横濱附近に延長せる地帶と相近かるべし。元祿十六年地震の震央は之に並行せる海中の地帶なるべく、津浪をも伴ひ起せり。

前記十八回の地震より單に平均を取れば、約十六年毎に一回の割合となる。但し慶安二年の如きは二回の强震あり。之に反して寶永二年の地震より天明二年の地震迄で、七十六年間は一回の强震も無かりき。勿論平均年數毎に强震有るの理は無くして、往々數年間に引き續きて發震し、其の後數十年間は靜謐となり、更に再び頻繁となるの傾向ありて、十八回の激震は、多少判明に六組に分つを得べく、即ち東京及び附近に强震の最も多かるべき時期の順次の差は、三十年乃至八十年にして、平均五十一年となる。而して注意すべきは江戸地震の中にて震害の甚しき大地震と稱すべきは、安政二年と元祿十六年の地震とのみなるが、元祿地震は小田原に於て最も激しく眞の東京（江戸）大地震は江戸開府以來單に安政二年の一回に限りたれば、東京市が非常の震災を蒙るは平均數百年に一回と見做して可なるべければ、安政以後五十年を經たるを以て今にも東京全市が總潰れとなる程の大地震が起るべしなどゝ想像するは根拠無き空説なりと謂ふうべきなり。〈中略〉

要するに、近來流布せる大地震が近き將來に於て東京を襲ふとの説は、學理上根據無きものなれば、浮説にして、取るに足らざるは勿論なれども、東京の如き地震地方に於ては、地震に關する注意を常に爲すことは最要にして、之に關する諸種の研究は寸時も怠る可からざるなり。（完）

（『太陽　第十二巻第四號』博文館、明治三十九年三月）

この論考で大森は、丙午の年に当たる本年、東京に大地震が襲来するという浮説が巷に飛び交っていることへの憂慮の気持ちを表明したあとで、単刀直入にこう切り出している。

「元來、不完全なる統計に依れる調査を基として、間違無く將來の出來事の時日を豫知し得べきにも非ず」と。つまり、東京大地震襲来説は不完全な統計に基づいたもので、今日の学理上、地震予知は不可能であると述べている。そのうえで大森は、なぜこの説が浮説であるかについて説明する。

この前年に『太陽　第十一巻第十二号』(博文館、明治三十八年九月)に寄稿した「市街地に於る地震の生命及財産に対する損害を軽減する簡法」で今村は、「千人内外以上の死人を生じたるは慶安二年、元禄十六年、安政二年三回大地震にして、凡て皆夜間に起れり。此三大震は、平均百年に一回の割合に發生し、而して最後の安政二年以後既に五十年を經過したるのみなれば、尚ほ次の大激震發生には多少の時間を剰すが如しと雖も、然れども慶安二年後五十四年にして、元祿十六年の大激震を發生したる例あれば、災害豫防のことは一日も猶豫すべきにあらず」と主張した。

その論旨は、東京で千人以上の死者が出た大地震は慶安二年、元禄十六年、安政二年の三回あり、平均すると百年に一回の割合で発生しているが、慶安二年と元禄十六年の間は五十四年しか経っていない。しかも、最後の安政二年の大地震からすでに五十年が経っているので、東京にいつ大地震が起きてもおかしくないというものであった。

これに対して大森は、「震災予防調査会が、編纂せる大日本地震史料に依るに、慶長以後に於ける江戸及び其の附近の地震にして、多少震害を生じたるものは、合計十八回なるが」と、慶長の江戸開府以降東京に震害をもたらした地震は十八回に上る事実を指摘する。そして、「真の東京（江戸）大地震は江戸開府以來單に安政二年の一回に限りたれば、東京市が非常の震災を蒙るは平均數百年に一回と見做して可なるべければ、安政以後五十年を經たるを以て今にも東京全市が總潰れとなる程の大地震が起るべしなどゝ想像するは根拠無き空說なりと謂ふべきなり」と論破する。

つまり、江戸のはじめから明治の今日までに東京を直撃した大地震といえるのは、安政二年の大地震のみで、その周期の平均は数百年に一回とみなすことができる。そのため、安政の地震から五十年が過ぎたからといって、今にも東京全市が壊滅するような大地震が起るなどと騒ぐのは全く根拠のない空説である、と今村の東京大地震襲来説を完全に否定したのである。

大森の論稿を再読すると、その論旨は明確である。まず「東京に大地震が起りて、二十萬人の死傷者を生ずべしとの浮說」といい、今村説を浮説と断じて切り捨てている。なぜなら、当時先進の研究成果をもってしても、「間違無く將來の出來事の時日を豫知し得べきにあらず」と、日時を指定して地震を予知することは全く不可能であるから、浮説であるのは明らかであり、しかも、東京大地震襲来説は不完全な統計をもとにしており、学理上なんの価値もない、と断言する。

しかしその一方で大森は、「東京の如き地震地方に於ては、地震に關する注意を常に爲すことは最要にして、之に關する諸種の研究は寸時も怠る可からざるなり」と述べ、今村が主張した地震への備えをつねに心がけ、今後も細心の注意をもって研究に取り組むことを表明し結語とした。

こうした大森の取り組みの甲斐あって、民心の不安は徐々に解消し、地震騒動は沈静化していった。騒動が収まると、今度は今村に非難が集中した。

もともと、自分が書いた論説の意図とは関係なく、新聞記者が意図的に報じた記事に対して抗議文まで送った今村にとって、掌《てのひら》を返したような巷間の冷たい仕打ちは、耐えがたい屈辱であったろう。けれども今村は、自著を喧伝し、私利を図るために丙午東京大地震襲来説という浮説を唱えたとして世人から難詰され、「大ぼら吹き」の謗《そし》りを受けたのである。

六十年目の前触れ

明治四十五年（一九一二）七月三十日、明治天皇が崩御した。それにともない元号が大正となり、三年後の大正四年（一九一五）に京都御所で大正天皇即位の御大礼が執りおこなわれることになった。大正四年十一月十日、京都御所の紫宸殿前には大隈重信首相をはじめ多くの朝野の名士が参内《さんだい》した。その参列者のなかに、貴族院議員で当時枢密顧問官を務める菊池大麓博士や、東京帝国大学を代表して大森房吉主任教授の顔もあった。

大森が東京を不在中のこのとき、折しも関東地方に地震が発生した。十一月十二日午前三時二十一分三十二秒、東京帝国大学地震学教室の地震計が地震を観測した。初期微動の震動方向は東南東、継続時間は約十秒だった。大森主任教授の留守を預かる今村助教授は、地震学の基本法則である大森公式にしたがい、初期微動継続時間の十秒に大森係数の七・五一（大正七年に大森は大森係数を七・四二に改定する）を掛けて、震源は本郷から東南東方向に約七十五キロメートルの、千葉県外房沿岸の一宮《いちのみや》付近であることを導き出した。その後も地震計は、連日一宮付近を震源とする群発地震を観測した。

十六日午前十時三十七分三十六秒、十二日からはじまる群発地震のなかでも比較的大きな有感地震が約二分間継続した。それから約九分後の午前十時四十六分三十秒にも再び大きな有感地震があった。

このときの地震は、『理科年表　平成三十年・第九十一冊』（国立天文台編、丸善出版）に「一九一五、一一、一六（大正四）三五・四°N、一四〇・三°E、M六・〇」とあり、震源は北緯三五・四度、東経一四〇・三度の房総半島で、マグニチュードは六・〇。また、被害は「下香取郡万才村・長生郡西村・その他で崖崩れがあり、傷五、人家・物置の潰れがあった」（同書七五六頁）ことが記されている。

その頃東京市中では、丙午大地震襲来説に加えて、新たに六十年地震周期説がささやかれはじめていた。また、今村もそれを認める発言を度々おこなっていた。

このとき、御大礼出席で不在の大森主任教授に代わって記者会見に当たった今村助教授は、この一連の群発地震が今後このまま収束に向かうのか、それとも次に起る大地震の前震なのかを断じかねていた。問題は余震の大きさと頻度の多さにあった。

多くの新聞記者が今村助教授のまわりを取り囲んだ。このとき今村は、記者に向かってこう発表した。

「頻繁する地震の勢力が次第に増大するときは大地震が起った例がないとは限らないが、次第に衰えるときは最初の地震の予震なので心配する必要はない。今回の場合は勢力が増したとも衰えたとも断定することができない。そこへきて今年は安政大地震から六十年目に当たり、今までの大地震や大噴火の統計にはこの六十年という周期がないではない。事実、前の六十年目には安政元年の三度の大地震と同二年の江戸大地震とがあり、さらにその前の六十年目、すなわち今から百二、三十年前には安永の桜島および大島、天明の浅間山、寛政の温泉大噴火などがあった。もっとも今回の浅間山、大島、桜島などはすでに大活動をしたのだからそれでもう済んだとも見ることができる。しかし東京のような付近に地震帯がある場所は平日でも万に一つは大地震がないとは限らないところへ、今回はその気勢が進んで百に一つ云々とは断言し難い場合になっている。すなわち九分九厘までは大丈夫だが残りの一厘は注意する必要がある」。

今回の地震は最初の地震の予震なのか、大地震の前震なのか。記者から繰り返し投げかけられる質問に対して、今村はこのようにどちらとも受け取れる会見をおこなった。その会見の内容は翌日の新聞各紙に掲載された。そのなかの一紙、大阪毎日新聞系列の『東京日日新聞』は、「安政から六十年目といふ問題、萬に一つが百に一つに變つた」という見出しの脇に「今村理學博士の談」の活字を添えて大きく報じた。左はその記事である。

昨日《きのふ》も亦《ま》た地震《ぢしん》、前後三回《ぜんごさんくわい》で震源地《しんげんち》は上總一《かづさいち》の宮《みや》

安政《あんせい》から六十年目《ろくじふねんめ》といふ問題《もんだい》、萬《まん》に一《ひと》つが百《ひやく》に一《ひと》つに變《かは》つた――今村理學博士の談

近來頻々《きんらいひん〱》として地震起《ぢしんおこ》り其震源地《そのしんげんち》は上總《かづさ》一ノ宮附近或《みやふきんあるひ》は磐城沖或《いはきおきあるひ》は利根川筋等《とねがわすぢとう》にて何《いづ》れも東京《とうけう》に遠《とほ》からざる爲《た》め人心兢々《じんしんけう〱》たる折柄安政《をりからあんせい》の大地震《おほぢしん》より今年《こんねん》が六十年目《ねんめ》に相當《そうとう》するなどの爲《た》め或《あるひ》は大地震《おほぢしん》の前兆《ぜんてう》あらずやなど云《い》ふ昨《さく》十六日《にち》の地震《ぢしん》に於《お》ける帝國大學地震學教室《ていこくだいがくぢしんがくけうしつ》の觀測《くわんそく》に依《よ》れば

昨朝第《さくてうだい》一回《くわい》の弱震《じやくしん》は午前《ごぜん》十時三十七分三十六秒にて去《さる》十二日佛曉《にちふつけう》に起《おこ》りしものより僅《わづか》に強《つよ》く次《つい》で午前《ごぜん》十時四十六分三十秒に人身《じんしん》に感覺《かんかく》ある微震《びしん》あり更《さら》に午前《ごぜん》十一時三十四分十六秒に至《いた》りて第《だい》三回《くわい》の弱震《じやくしん》ありて十二日佛曉《にちふつけう》のものと略同《ほゞおな》じき程《ほど》なり而《しか》して第《だい》一回第《くわいだい》三回《くわい》は共《とも》に主要部《しゆようぶ》の繼續時間《けいぞくじかん》二分間總繼續時間《ふんかんそうけいぞくじかん》二十分間《ふんかん》に達《たつ》したりしが震源地《しんげんち》は十二日《にち》のものより少《すこ》しく遠《とほ》ざかりし一の宮附近《みやふきん》にて東京《とうけう》よりは約《やく》十九里《り》の距離《きより》あり是《こ》れに就《つい》て今村理學博士《いまむらりがくはかせ》は語《かた》る『一地方《ちはう》に地震《ぢしん》が頻繁《ひんぱん》に起《おこ》つて勢力《せいりよく》が次第《しだい》に増大《ぞうだい》するときは引續《ひきつゞ》き大地震《だいぢしん》が起《おこ》つた例《れい》がないとは限《かぎ》らない、併《しか》し次第《しだい》に衰《おとろ》へる時《とき》は最初《さいしよ》の著《いちじる》しき地震《ぢしん》の豫震《よしん》たる性質《せいしつ》を有《ゆう》して心配《しんぱい》は無《な》い、今回《こんくわい》の場合《ばあい》では勢力《せいりよく》は増《ま》したとも衰《おとろ》へたとも斷定《だんてい》することが出来《でき》ない、そこへ來《き》て安政大地震《あんせいおほぢしん》から六十年目《ねんめ》だと云《い》ふ事《ごと》は如何《いか》にも事實《じじつ》で今迄《いままで》の大地震《おほぢしん》や大噴火《だいふんくわ》の統計《とうけい》には此《この》六十年《ねん》と云《い》ふ周期《しうき》が無《な》いではない、前《ぜん》の六十年目《ねんめ》は安政元年《あんせいぐわんねん》の三度《ど》の大地震《おほぢしん》と同《どう》二年《ねん》の江戸《えど》大地震《おほぢしん》とがあつたし更《さら》に其前《そのぜん》の六十年目卽《ねんめすなは》ち今《いま》より百二三十年前《ねんぜん》には安永《あんゑい》の櫻島及大島《さくらじまおよびおほしま》天明《てんめい》の淺間《あさま》寛政の溫泉大噴火《おんぜんだいふんくわ》などに依《よ》つて一口《くち》に云《い》ひ表《あら》はされて居《ゐ》る、尤《もつと》も今回《こんくわい》の淺間《あさま》、大島《おほしま》、櫻島等《さくらじまとう》が既《すで》に大活動《だいくわつどう》をなしたのだからそれでもう濟《す》んで了《しま》つたのだといも見《み》られる、併《しか》し東京《とうけう》の如《ごと》く附近《ふきん》に地震帶《ぢしんたい》を有《ゆう》する地方《ちはう》は平日《へいじつ》でも万に一つは大地震《おほぢしん》が無《な》いとは限《かぎ》らない處《ところ》へ今回《こんくわい》は其氣勢《そのきせい》が進《すゝ》んで百に一つ云々《うんぬん》とは斷言《だんげん》し難《がた》い場合《ばあひ》になつて居《ゐ》る卽《すなは》ち九分《ぶ》九厘迄《りんまで》は大丈夫《だいぜうぶ》だが殘《のこ》りの其《その》一厘《りん》だけは注意《ちうい》する必要《ひつよう》はある』云々《うんぬん》

（『東京日日新聞』大正四年十一月十七日）

丙午東京大地震襲来説で今やときの人となった「今村理學博士」と、「安政から六十年目といふ

問題、萬に一つが百に一つに變つた」という見出しに引き寄せられて、大勢の人々が記事を読み、多くの読者から、大地震が来るのか来ないのか、その真偽を確かめる問い合わせが新聞各社に殺到した。

大正四年十一月十七日の新聞で今村談話が報道された翌日、『東京日日新聞』の姉妹紙である『大阪毎日新聞』は、今村に電話取材をした形で次のような記事を掲載した。

地震《ぢしん》に脅《おびや》かさるゝ東京《とうけう》　**安政《あんせい》の大地震《おほぢしん》から六十年目《ねんめ》**

近來東京《きんらいとうけう》にては頻々《ひんく》として地震《ぢしん》あり震源地《しんげんち》は上總《かずさ》一ノ宮附近《みやふきん》或《あるひ》は磐城沖《いはきおき》又《また》は利根川筋等《とねがわすぢとう》にあり、何《いづ》れも東京《とうけう》に遠《とほ》からず且今年《かつこんねん》は安政《あんせい》の大地震《だいぢしん》より恰《あたか》も六十年目《ねんめ》に相當《そうとう》する故大地震《ゆゑだいぢしん》あるべしと唱《とな》ふるものあり人心恟々《じんしんけうく》たる有様《ありさま》なるが之《これ》について今村理學博士《いまむらりがくはくし》は語《かた》る

一地方《ちはう》に地震《ぢしん》が頻《しきり》に起《おこ》つて勢力《せいりよく》が次第《しだい》に増大《ぞうだい》する時《とき》は引續《ひきつゞ》き大地震《だいぢしん》が起《おこ》つた例がある又安政《またあんせい》の大地震《だいぢしん》から六十年目《ねんめ》だから大地震《だいぢしん》あるだらうといふことは如何《いか》にもさういふ原因《げんいん》がある、今迄《いままで》の大地震《だいぢしん》や大噴火《だいふんくわ》の統計《とうけい》には妙《めう》にこの六十年《ねん》といふ周期《しうき》がある、前《まへ》の六十年目《ねんめ》には安政元年《あんせいぐわんねん》の三度《ど》の大地震《だいぢしん》と同《どう》二年《ねん》の江戸大地震《えどだいぢしん》とがあつた、更《さら》に其前《そのまへ》の六十年目卽《ねんめすなは》ち今《いま》より百二三十年前《ねんぜん》には安永《あんゑい》の櫻島及大島天明《さくらじまおよびおほしまてんめい》の淺間寛政《あさまくわんせい》の溫泉大噴火《うんぜんだいふんくわ》があり尤《もつと》も今回《こんくわい》の淺間大島櫻島等《あさまおほしまさくらじまなど》がすでに大活動《だいくわつどう》を爲《な》した後《のち》だからあれでもう濟済んで仕舞《しま》つたものとも見《み》られる併《しか》し東京《とうけう》の如《ごと》く附近《ふきん》に地震帶《ぢしんたい》を有《ゆう》する地方《ちはう》は平日《へいじつ》でも萬《まん》に一とつ大地震《だいぢしん》がないとは限《かぎ》らない、九分《ぶ》九厘迄《りんまで》は大丈夫《だいぜうぶ》だが殘《のこ》りの一厘《りん》だけは注意《ちうい》する必要《ひつよう》がある（東京電話）

（『大阪毎日新聞』大正四年十一月十八日）

御大礼に参列するために京都を訪れていた菊池大麓と大森房吉は、恐らくこの『大阪毎日新聞』の記事を読んだだろうと思われる。事実、『大阪毎日新聞』に今村の談話が掲載された直後、大森は御大礼の祝賀行事の最中であるのに、急遽予定を変えて帰京し、二十日には本郷の地震学教室に戻っている。

戻ってきた大森に、今村がこの間の上総一ノ宮付近で起きた群発地震のことを報告すると、大森は今回の地震群は大地震の前震ではないと断言し、その理由を今村に説明した。そして、このような簡単なことも理解せずに、一般市民に無用な不安を抱かせた不都合を叱ったという。さらに大森は「そう思っているのは私だけではなく、〇〇先生も私と同じように思われていて、今村に任せ置いては例の人騒がせをするばかりだから、君は早く東京に帰り給え、御大礼を祝っている場合ではないぞ」と言われたと、今村は自著『地震の征服』(南郊社、大正十五年)のなかで証言している。左は、その今村の証言である。なお、〇〇先生とは、いうまでもなく菊池大麓を指している。

斯くて十七日は殆んど静まり、十八日十九日は全く静穏に歸したから、我々も始めて安堵したのであつたが、二十日には大森先生も歸京されたので、早速以上の輕過を報告に及んだ處、先生は極めて嚴肅に、今回の地震群が大地震の前震に非ざる理由を述べ、斯る覩易き理を辨ぜずして徒に市民に不安心を懐かしめた不都合を詰られた上、「斯く考へるのは自分許りではなく、〇〇先生も同感であるので、今村に任せ置いては例の人騒がせをする許りだから、君は早く歸り給へ、御大禮所ではないぞ」とまで言はれたと附加へられた。自分は今回こそ最善を盡した積りであるから、褒められぬ迄も叱られ様抔とは思つて居なかつたが、兩先生連合の御叱りを被らうとは全く意外の次第であつた。併し能く〳〵考へて見ると今回の地震群は事實大地震の前徴ではなかつたし、其眞相が自分だけには洞察されなかつたので、斯く人騒がせをしでかし、相濟まなかつたとつくづく悲觀して仕舞つた。

（「房總半島地震群處置」今村明恒『地震の征服』南郊社、三五頁）

今回こそ最善をつくしたつもりでいた今村にとって、菊池、大森両先生から叱られようとは思ってもおらず、それだけに今村の悲観ぶりが痛々しい。その一方で今村は、今回の結果を振り返り、群発地震は大地震の前震ではなかったと冷静に認識し、それを正しく理解できずに再び人騒がせをしてしまったことに、強い自責の念を表している。

その後大森は直ちに記者会見をおこない、十二日未明以降頻発した今回の上総沖の群発地震は大地震の前震ではなく、予震であるため、今後収束すると思われる旨の発表をおこなった。そして大森の記者発表を境に、頻発した群発地震がぴたりと収まり、それにともない大地震の噂も潮が引いたように消え去った。するとふたたび今村は世論のごうごうたる非難を浴び、「ほら吹き今村」と揶揄《やゆ》されるようになったのである。

なお、東京帝国大学総長や文部大臣などを歴任した菊池大麓男爵は、大正六年（一九一七）八月十九日に脳出血で急逝する。六十二歳だった。翌九月八日、菊池大麓が務めた震災予防調査会の会長は幹事の大森房吉が兼務することになった。

ところで、後年、東京帝国大学地震学教室で今村明恒教授の指導を受けた武者金吉氏は、恩師からの直話《じきわ》として、遺言とも受け取れる今村教授の怨みの言葉を伝えている。武者氏によれば、ある時期今村は、「自分の死後東京に大地震が起こったら墓前に報告せよ」と妻に繰り返し語ったというのだ。ある時期とは、「ほら吹き今村」と揶揄された時期を指すものと思われ、それは上総群発地震の対応で大森から叱られた大正四年十一月二十日から関東大震災が発生する大正十二年九月一日までの期間を意味すると推察できる。

左は、先述した武者金吉著『地震なまず』（東洋図書、一九五七年）からの引用である。

先生は恩も忘れないが怨みも忘れない人である。大森先生に対する怨みは骨髄に達した。自分の死後東京に大地震が起こったら墓前に報告せよと夫人に命じておいた一事でも、先生の憤激の程度がよくわかる。嘘ではない。先生の直話である。

（「今村明恒先生素描」武者金吉『地震なまず』東洋図書、一七〇頁）

大震災の予知をめざして

これまで今村は、「いつ東京に大地震が起きても不思議ではない」と折りに触れて大地震が来る可能性を指摘し、その度に東京市中に大地震騒動を巻き起した。その度に大森は、「今日の地震学をもってしても地震予知はできない」と現状を率直に告知した。そして、今にも大地震が来ると吹聴するのは、理学上の説ではなく浮説である証拠だと今村の説を糾弾し、一連の地震騒動の鎮静化に努めるのだった。

その一方で、大森も今村も、いずれは東京に大地震がやって来ることはわかっていた。いや、地震学者だけでなく、多くの国民もいつかは東京に大地震がやって来ることはわかっていた。だが、その大地震がいつどの程度の規模で起るかを事前に予知することは、誰一人としてできなかったのである。

今日においてもそうであるように、当時の地震学者にとって取り組むべき最重要研究課題のひとつに、地震予知があった。今村がいつ東京に大地震が起きてもおかしくないと警鐘を鳴らした理由は、逆説的にいえば、世界最先端を誇った当時の日本の地震学をもってしても地震の直前予知ができないからでもあった。そのため今村は、それがたとえ空振りに終わったとしても、地震周期などから地震の可能性が高まりつつあることを指摘し、折りに触れて警鐘を鳴らしたと思われる。

一方、大森も、地震予知ができない現状をただ漫然と指をくわえて見ていたわけではない。すでに大森公式や地震帯、地震周期の発見など、近代地震学の基本理論の多くを築き、つねに世界の地震研究の最前線に立ちつづけた大森が、次の重点研究テーマとして地震予知を掲げ、その研究に本格的に取り組むことは至極当然のことのように思われるのだ。

今村との東京大地震襲来論争がようやく収まりかけた大正半ば、大森は東京を中心とした関東圏のどこでいつ大地震が起るかを、科学的な根拠に基づいて予知することを研究の中心課題に措き、その研究に一心に取り組んだのではないだろうか。

それを確かめるために私は、大森房吉が会長兼幹事として主導した震災予防調査会が発行する会報誌『震災予防調査会報告』に当たった。

幸い、前回、東京大学地震研究所二号館三階の図書室を訪れた際、図書室の所員から『震災予防調査会報告』の全号がＰＤＦファイルとして電子化され、東京大学地震研究所図書室のウェブサイト（http://www.eri.u-tokyo.ac.jp/tosho）に収蔵されていることを聞いた私は、早速自室のパソコンから同サイトにアクセスした。そして、大森が残したすべての論文に片っ端から目を通していった。すると、それと思しきある論文が目に留まった。

それは、大正九年（一九二〇）三月三十一日発行の『震災予防調査会報告　第八十八号―丙』に掲載された、「東京将来の震災に就きて」と題する大森房吉の論文で、題名が示す通り、東京に将来起る震災について論じたものだった。大森は地震学者にとって最大の問題である地震予知に真正面から挑み、次に東京に起るべき大地震の可能性について検証を本格的に進めていたのだ。

「東京将来の震災に就きて」の論文が発表された大正九年、地震のメカニズムもまだ全くわかっておらず、今日の海洋プレート内地震（海洋プレートの沈み込みによって起る地震）や大陸プレート内地震（大陸プレート内部で起る地震）という言葉さえなかったこの時代に、すでに大森はその論文の冒頭で「東京に危害を及ぼすべき地震は二種あり。（甲）南東太平洋方面より発するものと、（乙）武蔵及び附近の内陸より発するものとあり」と述べ、東京に危険を及ぼす地震には「南東太平洋方面より発するもの」、今でいう海溝型の海洋プレート内地震と、「武蔵及び附近の内陸より発するもの」、つまり、内陸型の大陸プレート内地震の二つのタイプがあることを正確に指摘していて、大森の先見性の高さに驚かされた。

さらに大森は、「（甲）は区域広大なる破壊的地震にして、元禄十六年江戸小田原地震の如きは此の種に属す、又た（乙）は区域狭小なる局部的破壊地震にして所謂安政江戸大地震及び明治二十七年六月廿日東京附近激震の如きは即ち此の種に属するものとす」と指摘し、太平洋方面より発する地震（海洋プレート内地震）は破壊力が強大で、過去においては元禄十六年に起きた江戸小田原地震（マグニチュード七・九〜八・二）がこれに当たり、また、内陸より発する地震（大陸プレート内地震）は、前者よりは破壊力は小さく、安政二年の江戸大地震（マグニチュード七・〇〜七・一）や明治二十七年の明治東京地震（マグニチュード七・〇）などがこれに当たると、過去の地震のタイプの違いを正しく言い当てているのだ。

左は、『震災予防調査会報告　第八十八号─丙』（大正九年三月三十一日発行）に大森房吉が発表した「東京将来の震災に就きて」の原文である。

東京將來ノ震災ニ就キテ

委員　理學博士　大森房吉

東京ニ危害ヲ及ボスベキ地震ハ二種アリ、（甲）南東太平洋方面ヨリ發スルモノト、（乙）武藏及ビ附近ノ内陸ヨリ發スルモノトアリ、（甲）ハ區域廣大ナル破壊的地震ニシテ、元祿十六年江戸小田原地震ノ如キハ此ノ種ニ屬ス、又タ（乙）ハ區域狭小ナル局部的破壊地震ニシテ所謂安政江戸大地震及ビ明治二十七年六月廿日東京附近激震ノ如キハ即チ此ノ種ニ属スルモノトス、（震災豫防調査會報告第六十八號乙並ニ本號水道鐵管震害ノ條ヲ參照スベシ）。

（甲）太平洋方面ニ發生スベキ將來ノ大地震ト東京トノ關係ヲ說明センガ爲ニ安政ノ地震ヲ調査

センニ、同時期ハ實ニ本州東北部ヲ除キテハ殆ド全般ニ地殼變動ヲ發セルモノト謂フベク、嘉永六年ヨリ安政年間ニ亘リテ左ノ如ク十二回ノ破壊的地震アリタリ。

1、嘉永六年　二月　二日（西暦一八五三年三月一一日）小田原ノ局部的激震
2、安政元年　六月　十五日（同一八五四年七月九日）伊賀伊勢畿内地方ノ大地震
3、安政元年　十一月　四日（同一八五四年一二月二三日）東海道大地震
4、同　十一月　五日（同一八五四年一二月二四日）南海道大地震
5、同　十一月　七日（同一八五四年一二月二六日）伊豫大洲ノ地震
6、同　二年　十月　二日（同一八五五年一一月一一日）江戸局部激震
7、同　三年　七月二十三日（同一八五六年八月二三日）北海道東南部ノ地震
8、同　四年閏　五月二十三日（同一八五七年七月一四日）駿河相模ノ地震
9、同　八月二十八日（同一八五七年一〇月一五日）伊豫地震
10、同　五年　二月二十六日（同一八五八年四月九日）越前越中ノ地震
11、同　三月　十日（同一八五八年四月二三日）松代ノ地震
12、同　六年　二月　五日頃（同一八五九年）武藏國岩槻ノ地震

〈中略〉

（乙）安政二年十月二日夜ノ江戸大地震ハ江戸直下ヨリ發起シ、安政以後東京ニテ最強ナリシ明治二十七年六月廿日午後二時頃ノ地震ハ東京ノ附近ヨリ發起セルモノナルガ、今又大正三年一月ヨリ同八年十二月迄デ最近六個年間ニ於テ頻繁ニ東京ヲ震動セル有感ノ主要地震數ハ左ノ如シ。

大正三年　十九回
四年　四十九回
五年　二十四回
六年　三十四回
七年　二十五回
八年　二十四回

ニシテ合計百七十五回ニ達セリ、微動計観測ニヨリテ此等百七十五回ノ地震ニ就キ一々其ノ震原位置ヲ推定シタル結果ヲ第二圖ニ示ス、（東北海中六回ノ分ハ圖ノ外トナル）。震原ノ配置ヲ通覧スルニ主トシテ（一）房總半島方面、（二）筑波山霞ケ浦方面、（三）箱根、足柄、相模方面、（四）東北海中ノ四區域ニ限リ武藏原野、東京灣等東京直接ノ低窪地ヨリ殆ド全然發起セザルヲ見ルベシ、即チ目下ハ東京附近ノ低窪地區ハ平穏ノ狀況ニアリテ、東京ヨリ十六七里ヲ距ダツル周圍ノ山岳地域（一）（二）（三）ニ於テ活動特ニ盛ナルモ此等三區域ハ大地震ノ起原トナルコト無シト思ハルレバ、此ノ種ノ地震ハ如何ニ多ク發生スルトモ、格別心配スルニ及バザルベシ、之ニ反シテ數年ヲ經テ周圍ノ地域ガ平穏トナリ、武藏平原ガ活動ヲ開始スル時期トナレバ東京附近ニ多少損害ヲ與フベキ地震ヲ發スルコト明治廿七年ノ如クナルベキモ目下直チニ此ノ時期ニ達スベシトハ考ヘラレズ、而シテ激震ハ同一個所ヨリ繰リ返シテ發生スルコト無ケレバ安政二年江戸大地震ノ如ク東京直下ヨリ破壊的地震ヲ發スルコトハ無キモノト認メ得ベキナリ。

（「東京將來ノ震災ニ就キテ」大森房吉『震災豫防調査會報告　第八十八號─丙』二四～二七頁）

なお、右に記した論稿の最後の頁（同誌二七頁）に、「東京附近震源点の分布」のキャプションとともに、近年六年間に起きた有感地震の震源点を標した関東甲信越地域の白地図が大きく掲載されている。

この論稿で大森は、関東地域の地震には、海洋プレート内地震（太平洋方面より発する地震）と大陸プレート内地震（内陸より発する地震）の二つがあり、前者は元禄十六年の地震、後者は安政二年の地震がこれに当たると解説している。

次に大森は「大正三年一月より同八年十二月まで最近六個年間に於て頻繁に東京を震動せる有感の主要地震数は合計百七十五回に達せり」と記し、直近の六年間に起きた地震の回数は延べ百七十五回に上ったことを紹介する。そして大森は、その百七十五回の有感地震に対して、本郷の地震学教室の地下にある地震計の観測データに水戸と銚子の観測所で得た観測データを加え、三カ所の初期微動継続時間から正確な震源を算出した。そうして求めた震源点を一つ一つ関東甲信越地方の白地図上に黒丸の印としてつけ、全部で百七十五個の黒丸を白地図に書き入れていった。すると、地図上で黒丸が密集して黒くなる地域とそうでない地域とが浮き彫りとなり、震源が密集する地域が関東地域に四カ所あることをつきとめた。

その四カ所とは、第一に九十九里浜から館山にかけた房総半島沿岸域、第二に筑波山から霞ヶ浦にかけた利根川流域、第三に箱根や足柄を含めた相模湾沿岸域、第四に石巻港沖から鹿島灘にかけた東北太平洋沿岸域であった。

そのうえで大森は、現在、関東平野の低地部と東京湾での地震活動は静穏期に入っているので全く心配する必要はない、また、一の房総半島沿岸域と、二の利根川流域と、三の相模湾沿岸域については地震活動が特に盛んだが今後大地震が起るとまでは思われないので格別心配するにはおよばない、と述べている。

一方、時間が経過するに従って関東平野と東京湾の地震活動が盛んになり、地震頻度が著しく少なくなった年の直後に多少強い地震が起るかもしれず、そのような地震は震源が東京からある程度離れたところにあって、明治二十七年に起きた明治東京地震（震源東京湾北部、マグニチュード七・〇、死者三十一人）のような破壊的局地地震になる可能性があるが、安政二年の江戸大地震（震源東京湾北部、マグニチュード七・〇〜七・一、死者四千七百四十一人）のときのように東京直下より破壊的地震が発生することはないだろう、と論断した。

このように大森は、「東京将来の震災に就きて」と題する論稿で、東京を取り巻く四つの地震帯の存在を公表し、今後も引きつづき注視するよう示唆したのだった。

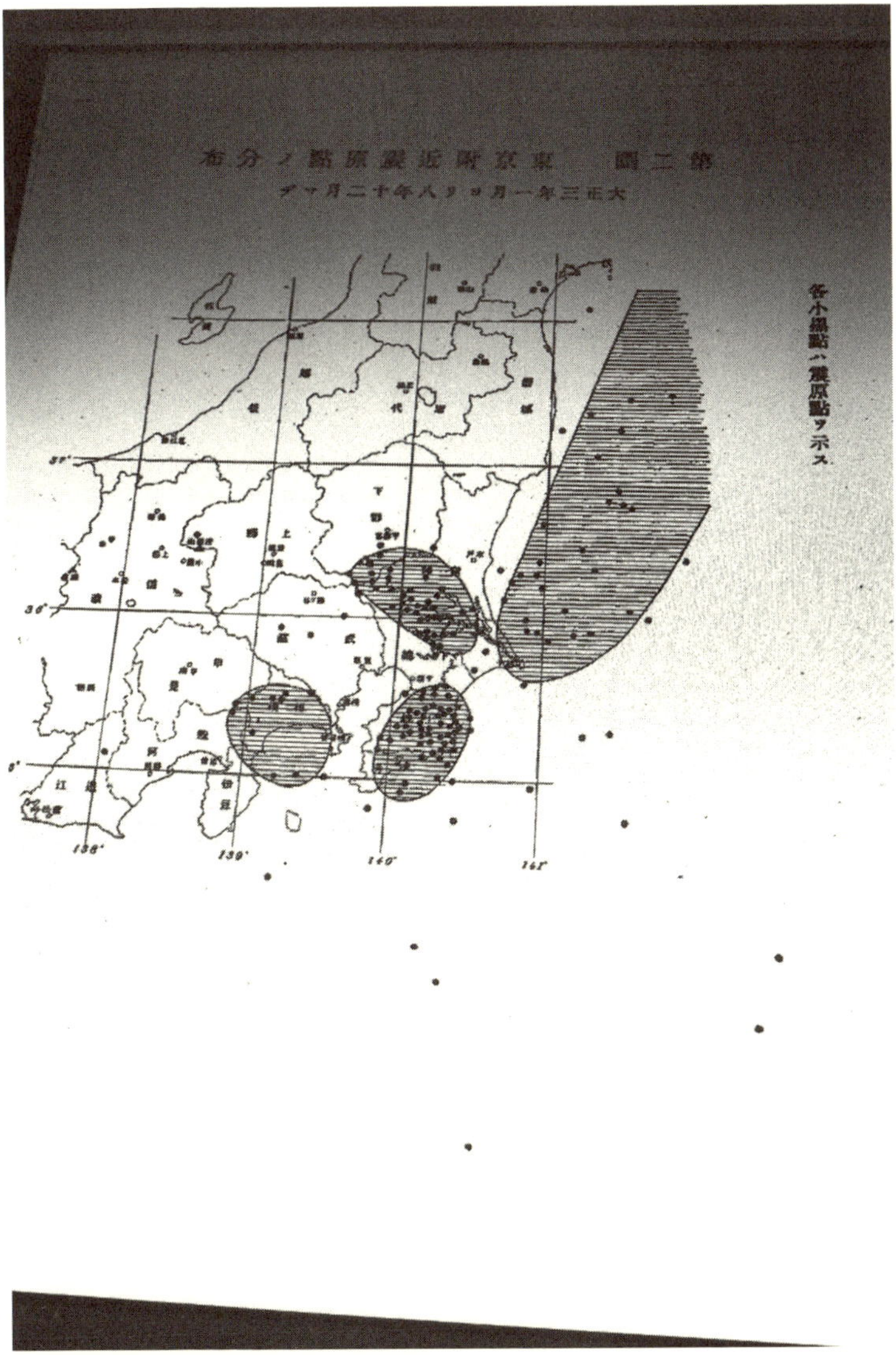

東京附近震源点の分布（「東京将来の震災に就きて」大森房吉）の閲覧画面

第四章　関東大震災

運命の大正十二年九月一日

一九一九年（大正八）六月二十八日、人類史上初の世界大戦（第一次世界大戦）が終結した。

その大戦の教訓から、ヴェルサイユ条約の発効日である一九二〇年一月十日、国際連盟（League of Nations）が四十二の加盟国によって創設された。日本もこれに加盟し、イギリス、フランス、イタリアの列強三国とともに発足時に常任理事国入りを果たす。

こうして日本は、名実ともに世界の一等国の地位に駆け上がる。そして日本政府は、経済や軍事のみならず、学術分野においても世界の一等国であることを国の内外に示すために、オーストラリアの首都メルボルンで三年後に開催される、第二回汎太平洋学術会議（2nd Pan-Pacific Science Congress）に参加することを表明する。

これを受けて同年文部省は、「文部大臣の管理に属し、科学およびその応用に関し、内外における研究の連絡および統一を図り、その研究を促進奨励する」ことを目的に、「学術研究会議」を新設。学術研究会議は、汎太平洋学術会議の日本代表団の団長に東京帝国大学元総長の櫻井錠二博士を、副団長に同大学主任教授の大森房吉博士を選任し、櫻井・大森両博士を中心に、各学術分野の選りぬきの科学者十名による日本代表団を結成した。

『震災予防調査会報告　第百号—甲』の会記事に「大森會長事務取扱兼幹事ハ汎太平洋學術會議

ニ列席ノ爲メ、大正十二年七月十日、後事ヲ今村委員ニ託シ、同日午前、東京驛出發、濠州ニ向ハレタ」とあり、大森は汎太平洋学術会議に列席するため日本を不在の間、震災予防調査会会長兼幹事の職責を今村（代理）に託して大正十二年七月十日午前に東京駅を発ったことが記されている。

同日、櫻井団長ならびに大森副団長以下、日本代表団の十名の科学者たちを乗せた客船〝吉野《よしの》丸《まる》〟は、横浜港の桟橋を離岸し、およそ七千キロメートルを隔てた南半球のオーストラリア大陸に向けて出航した。じつは大森は、以前から度々頭痛と吐き気の症状を訴えており、病を押しての外遊だった。

つづいて会記事には、関東大地震が起きた大正十二年九月一日当日の、文部省庁舎内（麹町区竹平町、現在の千代田区一ッ橋一丁目）にあった震災予防調査会事務所の様子が淡々と記されている。なお、記事が無記名であることから、震災予防調査会事務所の事務員による記述と思われる。

會記事

大森會長事務取扱兼幹事ハ汎太平洋學術會議ニ列席ノ爲メ、大正十二年七月十日、後事ヲ今村委員ニ託シ、同日午前、東京驛出發、濠州ニ向ハレタ。

九月一日大震ニ際シ、文部省ニ於ケル事務所ハ、書棚ノ顚倒、壁の龜裂剝落等ニテ、外ニハ何等ノ損害モナク、事務員ハ一時屋外ニ避難シ、震後三十分位デ室ニ戻リ、書棚ノ顚倒ヲ復舊シ重要書類ヲ整理シテ、再ビ屋外ニ出タ、省内土藏ノ破壊セルモノモアリ、各棟屋根瓦ハ墜落シ、二階硝子窓ハ破損シ、到ル所混亂ヲ來タシ、食堂ハ遂ニ開クコトガ出來ナカッタ程ノ狀態デアッタ、尚ホ當日ハ土曜日ナリシト、叉火災ノ如キハ自火ニ非ザル限リ、所在地ノ關係上何人モ類焼ヲ想像シナカッタ爲メ、漸次退廳スルニ至ッタ、然シナガラ意外ニモ猛火ハ各方面カラ起リ、夜ニ至リ、商科大學ヲ襲ヒ、如水會館ヲ焼燼シ、次ニ飛火ハ文部省ニ散落シ、瓦ノ搖リ落トサレタ屋上ハ飛火ヲ浴ビ、消防力ナクシテ、遂ニ全建物ガ灰燼ニナッテ仕舞ッタ、此時、東京帝國大學地震學教室附屬一橋觀測所モ亦同様ノ災厄ニ罹リ、本會所有ノ器械ヲ一部焼失セシメタ。

（「關東大地震ニ關スル本會ノ調査事業概要」『震災豫防調査會報告　第百號―甲』大正十四年三月三十一日發行）

九月一日午前十一時五十八分三十二秒、相模湾北西沖八十キロメートル、深さ二十五キロメートルを震源とする地震（関東大地震）が発生した。このとき、大森はオーストラリアにいたため、地震を体験しないかったのはプロローグで記した通りである。

地震後東京の下町を中心に約百三十カ所から火災が発生し、東京は火の海となった。

東京朝日新聞、読売新聞、国民新聞などの新聞各社の社屋が焼失し、唯一焼け残った東京日日新聞は、翌二日付けの一面に「強震後の大火災、東京全市火の海に化す――日本橋、京橋、下谷、浅草、本所、深川、神田殆んど全滅死傷十数万」の大見出しを付けて第一報を伝えた。

大森の不在の間、あとを託された今村は、大震に際し地震計の記録から震源や震度を割り出した。さらに、市内の至るところを踏査し、被害状況の把握に奔走した。その成果は、今村が中心となって編纂した『震災予防調査会報告』の第百号―甲・乙・丙上・丙下・丁・戊の六冊の報告書にまとめられた。この六冊の報告書は、今日の地震および防災対策の基本的資料となっており、関東大震災で今村が果たした功績は極めて大きい。

また、関東大地震の全容の記録に関しても、今村は大きな業績を残している。それは、これより前の明治四十三年、今村が新たに小型の今村式地震計を製作し、地震学教室に隣接する地震観測室に設置したことに起因する。

大森式地震計のような高感度の地震計は、遠方の地震や微かな地震を正確に捉えることに向いているものの、反対に直下で起る大地震の際は描針が振り切れるなどして地震動の全体を捉えられない可能性がある。今村が新たに地震計を開発した狙いは、まさにそこにあった。

明治三十一年に製作された大森式地震計の倍率が二十倍であるのに対して、今村が新たに開発した地震計の倍率は二倍と低い。そのため今村式地震計は、今日「今村式二倍強震計」と呼ばれている。今村は、大森式地震計の十分の一という極めて低倍率の地震計を製作することで、将来かならずやって来る大地震の地震波の全容を遺漏なく捉えようとしたのである。

同時にそれは今村の執念にも似た周到さの表れでもあるが、それによって関東大地震の初期微動から主要動に至る地震波形の全容が後世に記録されることになったのである。

今村式二倍強震計によって関東大地震の波形を確認した今村は、東京市中を東奔西走し、被害状況を確認してまわった。そして、それぞれの地域で発生した犠牲者の数を積み上げ、「死者の総数九万九千五百八十五人、行方不明者四万二千九百四十人」（「関東大地震調査報告」今村明恒『震災予防調査会報告　第百号―甲』大正十四年三月三十一日発行）と算出し、関東大震災の死者および行方不明者の総数を合計十四万二千五百二十五人と公表した。

その数値は、今村が『太陽　第十一巻第十二号』（博文館、明治三十八年九月発行）に寄稿し、東京大地震襲来騒動の端緒となった論稿「市街地に於る地震の生命及財産に対する損害を軽減する簡法」で発表した犠牲者十万以上二十万人とほぼ一致し、今村の被害想定の正しさを証明する結果ともなったのだった。

当時多くの発行部数を誇った一般向け科学啓蒙雑誌『科学知識』（科学知識普及会発行）は、震災号を企画し、関東大震災を予知した地震学者として時の人となった今村明恒に原稿を依頼した。今村はこれに応じ、地震発生の九月一日から書き綴ってきた日記を「大地震調査日記」と題して、震災号に寄稿した。

私は国立国会図書館新館二階の雑誌カウンターで大正十二年十月二十日発行の『科学知識　震災号』を納めたマイクロフィルムを受け取り、そこに掲載されている今村明恒の「大地震調査日記」を目で追った。すると、日記の九月三日の項で今村は、この間の大森との論争を振り返り、感慨深げにこう記している。

自分《じぶん》は明治《めいぢ》三十八年《ねん》雑誌《ざつし》『太陽《たいやう》』と自著《じちよ》『地震學《ぢしんがく》』とにこの事《こと》を指摘《してき》し「市民《しみん》たるものは今後《こんご》五十年位《ねんぐらゐ》の内《うち》にはこんな地震《ぢしん》が再《ふたゝ》び襲來《しふらい》する事《こと》を覺悟《かくご》し云々《うんく》」その際《さい》「消防《せうぼう》に使用《しよう》する水道《すゐだう》は全《まつた》く用《よう》をなさないであろうから、我全都《わがぜんと》を擧《あ》げて祝融氏《しゆくゆうし》の飜弄《ほんろう》にまかせなければなるまい、實《じつ》に寒心《かんしん》の次第《しだい》である云々《うんく》」「かうなると死者《ししや》十萬或《まんあるひ》は二十萬《まん》を以《もつ》て數《かぞ》ふるやうになるかも知《し》れぬ云々《うんく》」

今村式二倍強震計（国立科学博物館蔵）

など〻と書《か》いたところが、當時《たうじ》この事《こと》を新聞紙上《しんぶんしじよう》に紹介《せうかい》せられたゝめ、一部《ぶ》の市民《しみん》の不安《ふあん》と物議《ぶつぎ》とを招《まね》き、大森先生《おほもりせんせい》の如《ごと》きはこれ全《まつた》く學術的根據《がくじゆつてきこんきよ》なき浮説《ふせつ》であると非難《ひなん》し、市民《しみん》に安心《あんしん》を與《あた》へられた事《こと》があつたが、自分《じぶん》は自説《じせつ》の非學術的《ひがくじゆつてき》なりと非難《ひなん》せられたにも拘《かゝは》らず、結果《けつくわ》のみは偶然《ぐうぜん》一致《ち》し、而《しか》も火災《くわさい》が想像以上《そうぞういじやう》なりし事《こと》を悲《かな》しみ、感慨無量《かんがいむりやう》に堪《た》えないものがある。

（「大地震調査日記　九月三日」今村明恒『科學知識　震災號』一七頁）

右に記した九月三日の日記の件は、今村の自説を大森が浮説と断じたことを、今村はどれほど苦々しく思っていたかが察せられ、今村の地震学者としての信念と自負心の強さをうかがい知ることができて、心に残る一文である。

大地震直後に今村が書き残したこの日記は、この間の大森との東京大地震襲来論争における勝利宣言の色合いを帯びている。また、関東大震災の被害の大きさが、震災前に今村が雑誌『太陽』で予測した被害の大きさとぴったり一致したことに、今村自身素直に驚きを表してもいる。

そして、被害想定が的中したことの嬉しさと、被害を最小限にとどめることができなかった口惜しさが湧き上がり、その二つの感情が今村の心のなかで波紋となって広がったことを、この日記は何よりも雄弁に物語っている。

被服廠跡の震災記念堂をゆく

今村は外遊中の大森に代わって、関東大地震で大きな被害を出した浅草、本所一帯をかけまわり、

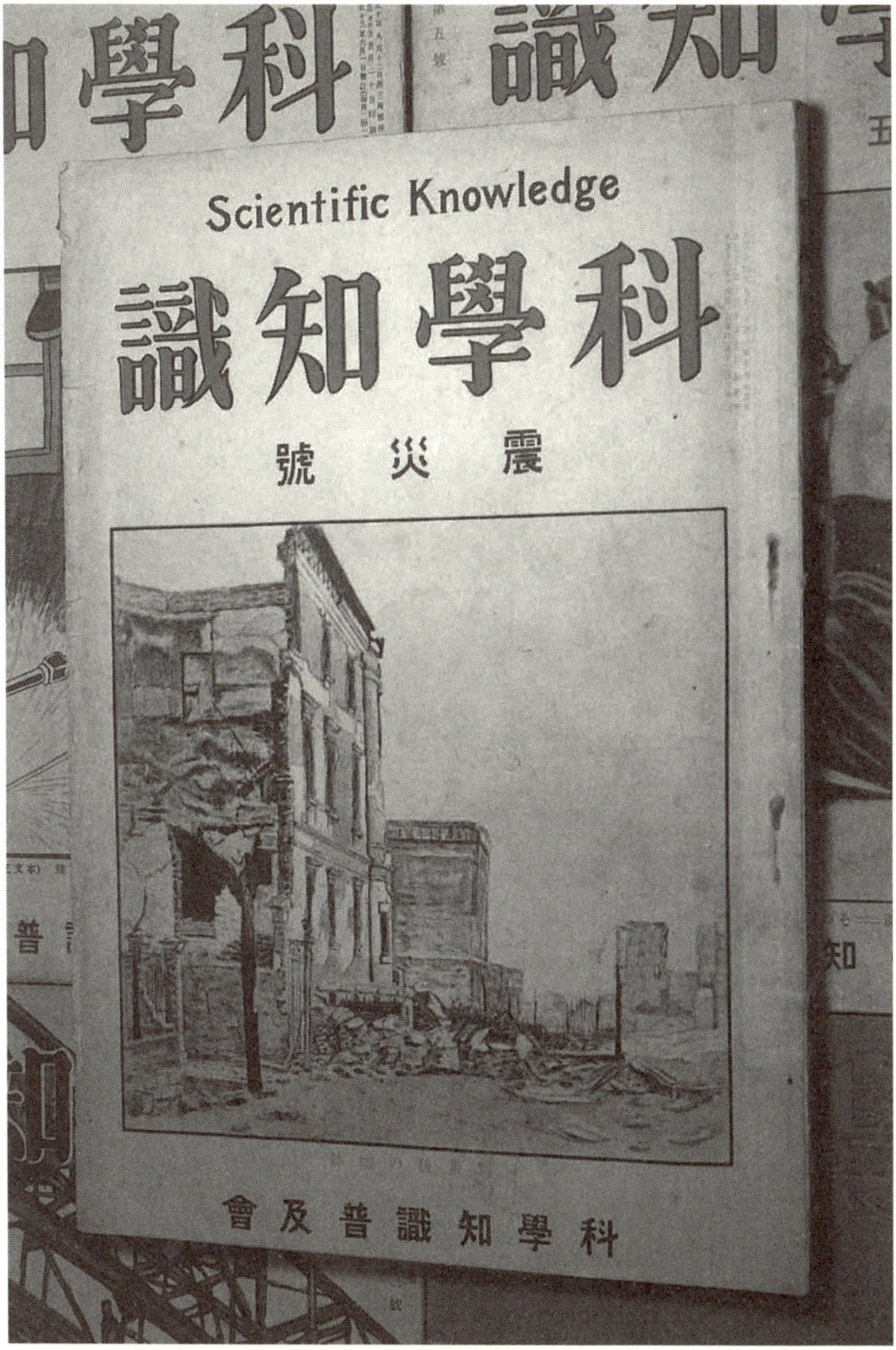

今村明恒が「大地震調査日記」を発表した『科学知識　震災号』

行く先々で多くの家屋が焼け落ち、その脇に無数の遺体が転がっているのを目撃した。

今村が被災地を踏査していたころ、小説家芥川龍之介《あくたがわりゅうのすけ》は友人の川端康成《かわばたやすなり》と連れだって浅草区新吉原に出かけ、そこで目の当たりにした光景をもとに自伝的短編小説『或阿呆の一生』を書き上げる。そして昭和二年七月二十四日、芥川は睡眠薬ベロナールを大量に飲んで自殺した。

遺稿となった『或阿呆の一生』のなかの「三十一 大地震」と題された章句から、芥川が関東大震災直後の酸鼻を極めた惨状を回想しながら、夥しい人々の死の現実と、己の死が心のなかでゆっくりと重なり合い、やがて自死を決意するまでの心の推移を垣間見ることができる。

三十一 大地震
それはどこか熟し切つた杏《あんず》の匂に近いものだつた。彼は焼けあとを歩きながら、かすかにこの匂を感じ、炎天に腐つた死骸の匂も存外悪くないと思つたりした。が、死骸の重なり重《かさな》つた池の前に立つて見ると、「酸鼻《さんび》」と云ふ言葉も感覚的に決して誇張でないことを発見した。殊に彼を動かしたのは十二三歳の子供の死骸だつた。彼はこの死骸を眺め、何か羨ましさに近いものを感じた。「神々に愛せらるるものは夭折《えうせつ》す」——かう云ふ言葉なども思ひ出した。彼の姉や異母弟はいづれも家を焼かれてゐた。しかし彼の姉の夫は偽証罪を犯した為に執行猶予中の体だつた。

……

「誰も彼も死んでしまへば善《い》い。」

彼は焼け跡に佇《たたず》んだまま、しみじみかう思はずにはゐられなかつた。

（芥川龍之介『或阿呆の一生』より）

今日私たちは、時計の針を戻して今村や芥川が遭遇した関東大震災を体験することはできない。しかし、焦土と化した東京の一面の瓦礫のなかから焼け残った資料や遺品を一つ一つ拾い集め、断片的な事実をもとに、日本史上最悪の災害となった関東大震災と向き合うことはできる。

酸鼻としかいいようのない光景を肌で感じ、関東大震災で被災した数多の人々が体験した惨禍を少しでも理解するために、私は多くの住民が犠牲となった陸軍被服廠跡（本所区横網町二丁目、現墨田区横網二丁目）に向かった。

都営地下鉄大江戸線の両国駅で降り、清澄通りを北に五分ほど行くと、左手に緑に覆われた陸軍被服廠跡（現在の横網町公園）が現れる。当時、被服廠跡に避難した三万八千人もの被災者が逃げ場を失ってこの地で亡くなった。その慰霊を追悼するために昭和五年、被服廠跡に震災記念堂（昭和二十六年東京都慰霊堂に改称）が創建され、公園の入り口の右手に震災記念堂や東京大学正門と同じ設計者伊東忠太によるゴシック調の復興記念館が建設された。

スクラッチレンガで覆われた門柱の上に棲む四匹の怪獣に迎えられて復興記念館の玄関を入ると、目の前に薄暗い空間が広がった。

正面の壁面に、一枚の大きな額縁が掲げられていた。そこには、「東京帝国大学理学部地震学教室観測、今村式二倍強震計記象」と記され、その下に、今村式震計で捉えた関東大地震の揺れの全容がおよそ二メートルにわたって記録されていた。描出された地震波は、関東大地震が発生した当時を永遠に記憶するようにと、後世に無言で訴えかけていた。振り返って展示空間を見渡すと、部屋全体が、大正十二年九月一日午前十一時五十八分のまま、時間が止まっているようだった。

　前方の壁面には、浅草の名所「凌雲閣」が真っ二つに折れて崩れた一枚の写真が掲げられていた。地上八階から瓦解した先の部分は、塔下の民家に墜落し、大勢の死傷者を出した。写真は、その無残な光景を茫然と見詰める人々をも写していた。明治二十三年に建てられた凌雲閣は当時東京で一番高い建物で、わが国初の電動エレベーターを備えた人気の展望スポットだった。その帝都東京のランドマークの倒壊は、東京市民の心を挫くに十分な衝撃的な事件であったろう。

　展示室の一画に、熱風で溶けたメガネや懐中時計、火焔で黒焦げになった万年筆やネックレス、辛うじて焼け残りぐにゃぐにゃに捻れた自転車や車イスなどが陳列されていた。私は、その多くは被服廠跡で亡くなった人たちが身に付け、使用していた遺留品なのではないかと想像した。

　歩を進めると、今度は焼け残った街路樹の枝の先に溶けたトタン板がハンカチのように折れ曲がって引っかかった様子をジオラマ風に再現したコーナーが現れた。街路樹が焼け焦げ、トタン板が溶けるほどの炎火の凄まじさが時空を超えてじかに伝わってくる。

　反対側の壁面に展示されていたのは、吉原公園の弁天池を埋め尽くした遺体の顔を覗き込む人々の写真だった。当時浅草区の北に位置する新吉原界隈には大勢の遊女が住んでいた。地震とともに多くの家屋は倒壊し、加えてあちこちから火の手が上がった。郭《くるわ》から逃走した遊女たちは近くの吉原公園に避難し、公園は人で埋め尽くされた。瞬く間に公園は炎に囲まれ、多くの人が公園の弁天池にわれ先に飛び込んだ。折り重なって沈んだ人は溺死し、その上の人は炎によって焼死した。そして、池の水面は黒く焼き焦げた遺体で覆われた。写真は、火災が鎮まった後、行方不明の家族を探す人々が黒く煤けた材木のような遺体の顔を一体一体見て回っているときのものと思われる。写真に近づいてよく見ると、遺体の髪の毛は焼け縮れ、眼球は飛び出し、頬と唇は黒く腫れあがり、全身は男女の区別さえできないほど無残に焼け爛れていた。私は息をすることも忘れて見入った。どこからともなく微かに熟れた杏のような臭いがした。まるで自分がその光景のただ中にいるような気がした。それは、自分もいつ、このような現実に遭遇するかわからないという恐怖だった。

瓦礫と死骸の写真が並ぶなかで、私の目は一枚の写真に吸い寄せられた。それは、瓦礫のなかの僅かな水溜まりで、四人の若い全裸の女性がこちらに背を向けて水浴をしている写真だった。写真の下には、「撮影者不明、皇居向かいの帝国ホテルの近く」とあり、女性の後方には東京駅に繋がるアーチ状のレンガ造りの高架鉄道と思われる建造物がかろうじて建っているのが見える。震災で焼き出された近所の女性たちの今を懸命に生きようとするエネルギーが感じられ、殺伐としたなかにも微かな希望を抱くことができた。

次に展示されていたのは、陸軍被服廠跡の広大な空き地が、家財道具を抱えて集まった被災者で、見わたす限り埋め尽くされた写真だった。被災者の顔には、なんとか避難できた安堵感が浮かんでいた。その横には、被服廠跡に避難した人々が、火災旋風によって天空高く巻き上げられる光景を描いた絵が掲げられていた。それは赤一色の陰影で、地獄絵さながらに阿鼻叫喚の様を描き出していた。

大正十二年九月一日、関東大地震が起きて間もなく、東京の下町を中心に約百三十カ所から火災が発生し、住民は東京市中を逃げ惑った。この時、一時避難場所として多くの人々が身を寄せたのが、被服廠跡の十万平方メートルもの広大な空き地だった。各方面から三万八千人もの人々が集まり、空き地は立錐の余地もなくなった。午後三時、市中を舐めるように襲った猛火は風に煽られて隅田川周辺に集まり、被服廠跡の四方を取り囲んだ。急激な気温の上昇によって火災旋風が発生し、避難者は家財道具もろとも天高く巻き上げられては劫火の中に叩き落とされた。そして被服廠跡に集まった避難者のほぼ全員が焼死した。真紅に塗られた絵を見ていると、カンバスの向こうから「水をくれ」という犠牲者の声なき叫びが聞こえてくるようだった。

前方の壁面には、うず高く積み上げられた白砂の山に向かって人々が合掌している写真が掲げられていた。近づいて見ると、積み上げられていたのは白骨だった。被服廠跡で犠牲となった三万八千人の遺体はこの地で十数日かけて露天火葬され、焼骨は脇に積み上げられて、高さ三メートルもの大きな白骨の山となったのだ。その白骨の山に掌を合わせる人が絶え間なかったという。

関東大震災で犠牲となった数多の人々の死の現実を前にして、私はただ立ち尽くした。いたたまれない気持ちで復興記念館を退室し、公園の石畳の参道を歩いた。そして、慰霊堂に入り、線香の煙る祭壇まで進み出ると、およそ十数万人といわれる犠牲者の冥福を祈る以外には、何も考えることはできなかった。今村明恒も、そして当時はその場にいなかった大森房吉も同じ気持ちだったのではないかと想像した。

関東大地震の実相

関東大震災の被災現場で直接踏査に当たった今村が中心となって取りまとめた死者および行方不明者十四万二千人余りという数字は、関東大震災の被害状況を表すもっとも信頼性の高い一次資料として長年『理科年表』に掲載された。

平成十七年版の『理科年表　第七十八冊』（国立天文台編、丸善、二〇〇四年）の関東大地震の項に、「全体で死・不明十四万二千余、家屋全半潰二十五万四千余、焼失四十四万七千余」（同書七二〇頁）とあるのは、今村の「関東大地震調査報告」（『震災予防調査会報告　第百号―甲』大正十四年三月三十一日発行）の調査データに基づいている。

ところが、関東大震災から八十年後の平成十五年（二〇〇三年）に、鹿島建設小堀研究室地震地盤研究部の武村雅之《たけむらまさゆき》と諸井孝文《もろいたかふみ》によって、関東大震災の人的被害の実態の再検証作業が試みられ、その結果、関東大震災の被害状況の認識は大きく変わることになった。

それにしてもなぜ、一次資料である「関東大地震調査報告」があるにもかかわらず、わざわざ関東大震災の人的被害の実態を再検証する必要があったのだろうか。その理由は、関東大震災の人的被害に関する調査データは、震災予防調査会の「関東大地震調査報告」（大正十四年刊）以外にも、たとえば内務省社会局が編纂した『大正震災志　上・下』（大正十五年刊）に掲載された調査データなどがあり、それらのデータの間には無視することができないほど大きな誤差があることが以前から指摘されていたからだ。

つまり、関東大地震の直後に編纂された被害に関する資料は複数あり、資料によってその数値に大きな隔たりがあったのである。そのなかでも、震災予防調査会会長代行として震災時に調査に当たった今村が中心になってまとめた『震災予防調査会報告』で発表された「関東大地震調査報告」がもっとも信頼性が高いと考えられ、そこに記されている「死者・行方不明者の総数合計十四万二千五百二十五人」がその後の公式記録として一般化され定着したのだ。だが、じつはそのデータの根拠は示されてはいなかったのである。

武村雅之らは、『震災予防調査会報告　第百号—甲』所載の「関東大地震調査報告」や内務省社会局の『大正震災志　上・下』などのデータを相互に比較し、市区町村単位の死者数を個別に評価していった。その結果、今村らがまとめた「関東大地震調査報告」の数値は、死者を重複して数えている可能性が高いことが判明したのだった。

さらに、住家の全潰率や焼失率と死者発生率の関係を検証し、火災や住家全潰などの死亡原因別の死者数を割り出した。そして、関東大地震による死者・行方不明者の総数は十万五千三百八十五人、そのうち火災による死者は九万一千七百八十一人、住家全潰による死者は一万一千八十六人と算出した。

武村雅之らは、これを「関東地震（一九二三年九月一日）による被害要因別死者数の推定（Mortality Estimation by Causes of Death Due to the 1923 Kanto Earthquake）」と題する論文にまとめ、平成十六年（二〇〇四）九月発行の『日本地震工学会論文集　第四巻第四号』に発表した。武村らがまとめた数値は学界でもその信頼性が高く認められ、平成十八年版（二〇〇五年発行）の『理科年表』から関東大震災の被害の数値が全面的に修正されることになったのである。

平成十七年版の『理科年表　第七十八冊』の関東大地震の項では、「全体で死・不明十四万二千余、家屋全半潰二十五万四千余、焼失四十四万七千余」であったのに対して、翌年の平成十八年版『理科年表　第七十九冊』では、「全体で死・不明十万五千余、住家全潰十万九千余、半潰十万二千余、焼失二十一万二千余」となっているのはそのためだ。つまり、平成十七年版では「全体で死・不明十四万二千余」だったものが、平成十八年版では「全体で死・不明十万五千余」へ約七割に減少した。同様に、「家屋全半潰二十五万四千余」は「住家全潰十万九千余、半潰十万二千余」へ約八割に、「焼失四十四万七千余」は「焼失二十一万二千余」へ約五割に、被害の数値がそれぞれ大きく減少した。

そのため、平成十七年（二〇〇五）以前に発表された関東大震災に関する記述はすべてそのまま鵜呑みにすることができなくなり、少なくとも震災の被害に関しては八割程度に差し引いて理解する必要があることになったのである。

そこで、現今の最新のデータをもとに改めて関東大震災を振り返り、その実相を検証してみよう。

大正十二年九月一日午前十一時五十八分三十二秒、関東大地震が発生した。有感範囲は、北海道南部から九州北部まで、関東を中心に半径約八百キロメートルの広い範囲におよんだ。東京で観測した最大震幅は十四〜二十センチメートル、房総方面・神奈川南部は隆起し、東京附近西・神奈川北方は沈下。相模湾の海底は小田原—布良線以北は隆起し、南は沈下した。震源は相模湾北西沖八十キロメートル、深さ二十五キロメートル、マグニチュードは七・九と推定される。

じつは、当時はまだ「マグニチュード」という地震のエネルギーの大きさを表す指標はなかった。関東大地震で定説となっているマグニチュード七・九は、じつは関東大地震が発生した二十九年ものちの昭和二十七年（一九五二）に、当時の中央気象台（気象庁の前身）が計算して発表したものだ。しかも、気象庁に残されていた地震計の描針が振り切れた波形記録をもとに推定して計算されたため、じつは地震の正確な大きさはわからなかったのである。

ところが、近年数台の地震計が振り切れずに関東大地震を記録していたことがわかり、その波形の最大振幅値から新たに計算し直した結果、マグニチュードは八・一±〇・二と算出された。誤差を考慮すると、これまでの定説であるマグニチュード七・九はその範囲内と見なされ、最新版の『理科年表』でも「マグニチュード七・九」は変わらずそのまま記載されることになったのである。

関東大地震は、大森房吉が奇しくも「東京将来の震災に就きて」（『震災予防調査会報告　第八十八号―丙』大正九年三月三十一日発行）で指摘した通り、太平洋方面より発する破壊力が強大な地震（海溝型の海洋プレート内地震）であった。

現在、関東大地震の研究を進める地震調査研究推進本部地震調査委員会（文部科学省の特別機関）は、関東大地震が起きた仕組みを明らかにした。それによれば、関東大地震の震源域は、相模湾の海底にある相模トラフと呼ばれる海溝沿いの広い領域だとしている。関東全域を乗せた陸側の岩盤の層（プレート）の下には、フィリピン海プレートがあり、つねに陸側（北西）方向に沈み込んでいる。関東大地震の発生メカニズムは、この陸側プレートとフィリピン海プレートの二つのプレートの境界面に蓄積されたひずみが限界に達して一気にずれ動き、陸側のプレートが跳ね返ることによって起きたとする見解を公表した。

また、同委員会は地殻変動のデータなどから、関東大地震によって震源断層は湘南地方の内陸深く広がり、その上に関東全域を乗せた陸側プレートが太平洋（南東）方向へ平均七メートル押し上げられたことを、コンピュータによる逆解析（インバージョン）と呼ばれる計算手法を用いて導き出した。

それらの最新データをもとに、関東大地震の動きをまとめると、およそ次のようになる。十一時五十八分三十二秒、神奈川県小田原市の北に位置する松田町付近（北緯三五・三五度、東経一三九・一五度）の地下二十五キロメートルの地点で最初の滑りが起きたことがすべてのはじまりであった。その動きが秒速二・五〜三・〇キロメートルの破壊伝播速度で相模湾から房総半島南部にかけた広い地域に広がっていった。同時にその伝播過程で小田原と三浦半島の直下にあった二つの固着断層領域（アスペリティ）を滑らせた。その間の断層滑りにかかった時間は三十〜四十秒ほどと考えられるのである。

地震周期をめぐる論争の顚末

今村と大森の二人の帝大博士によって繰り広げられた東京大地震襲来論争、その端緒となり、関東大地震を予知したといわれる今村の論文の真偽について検証してみたい。

明治三十八年（一九〇五）に『太陽』に寄稿した「市街地に於る地震の生命及財産に対する損害を軽減する簡法」で、今村は東京に近く大地震が来ると警鐘を鳴らした。そのとき今村がその根拠としたのは、過去二百年間に起きた大地震を選出し、それがどれくらいの周期で起きているかを指摘した次の一文に約言されている。

「千人内外以上の死人を生じたるは慶安二年、元禄十六年、安政二年三回大地震にして、凡て皆夜間に起れり。此三大震は、平均百年に一回の割合に発生し、而して最後の安政二年以後既に五十年を経過したるのみなれば、尚ほ次の大激震発生には多少の時間を剰すが如しと雖も、然れども慶安二年後五十四年にして、元禄十六年の大激震を発生したる例あれば、災害予防のことは一日も猶予すべきにあらず。」（『太陽　第十一巻第十二号』一六八頁）。

ここに示された千人以上の死者をだした三回（慶安二年、元禄十六年、安政二年）の大地震のうち、元禄二年と安政二年の地震は時代劇に登場するなど、一般にもよく知られている。しかし、慶安二年の地震は、浅学をさらすようで恥ずかしいのだが、私は今村のこの論稿によってはじめて知った。そこで早速、今村が指摘する三つの大地震を調べてみた。

『理科年表　平成三十年・第九十一冊』に、慶安二年六月二十一日に起きた武蔵下野（北緯三五・八度、東経一三九・五度）を震源とするマグニチュード七・〇と推定される地震が記録されている。それによれば、「川越で大地震、町屋七百軒ほど大破。江戸城で石垣など破損。侍屋敷・長屋破損し、圧死多数。上野東照宮の大仏の頭落ちる。日光東照宮破損。余震日々四十〜五十回」（同書七四一頁）とあり、ほかに大きな地震の記録がないことから、今村が指摘した慶安二年の地震とは、この慶安二年六月二十一日（一六四九年七月三十日）に起きた川越付近を震源とする直下型の内陸地震を指すと思われる。

ついでに、元禄十六年十一月二十三日（一七〇三年十二月三十一日）に起きた元禄地震を『理科年表平成三十年・第九十一冊』で確認すると、マグニチュードは七・九〜八・二、最大震度は七と推定され、「相模・武蔵・上総・安房で震度大。特に小田原で被害大きく、城下は全滅。十二ケ所から出火、壊家八千以上、死者二千三百以上。東海道は川崎から小田原までほとんど全滅し、江戸・鎌倉などでも被害が大きかった。津波が犬吠崎から下田の沿岸を襲い、死数千。一九二三年関東地震に似た相模トラフ沿いの巨大地震と思われるが、地殻変動はより大きかった」（同書七四三頁）とある。

また、安政二年十月二日（一八五五年十一月十一日）に起きた安政地震は、マグニチュードは七・〇〜七・一、最大震度は六と推定され、「下町で特に被害が大きかった。地震後三十余ケ所から出火したが、風が静かで焼失面積は二・二平方キロメートルにとどまった。江戸町方の被害は、潰焼失一万四千余軒、死四千余。武家方には死約二千六百等被害があり、合わせて死は計一万とも。瓦版が多数発行された」（同書七五一頁）とあった。

今村が『太陽』に寄稿した論文の要旨は明確である。今村は、東京で千人以上の死者を出した大地震は慶安二年と元禄十六年と安政二年の三回であり、その地震の周期を平均するとおよそ百年となるとしている。しかし、直近に起きた安政二年からまだ五十年しか経っていないため、次の大地震までには多少時間があるともいえるが、慶安二年の大地震からわずか五十四年後の元禄十六年に大地震が起きたことを考慮すると、次の大地震への備えは一日も猶予がないと考えるべきだと主張したのである。

東京における地震周期の算定から、東京にいつ大地震が起きてもおかしくないと警戒の必要性を声高に訴えた今村に対して、翌明治三十九年、大森は対論「東京と大地震の浮説」を同じ『太陽』誌上に発表した。その論旨は詳細でありながら明瞭である。

大森の論旨を文略を追って見てみよう。大森は、「元来、不完全なる統計に依れる調査を基として、間違無なく将来の出来事の時日を予知し得べきにも非ず。東京激震の説の如きも、結局地震の起れる平均年数より生ぜるものなれば、学理上の価値は無きものと知るべきなり」（『太陽　第十二巻第四号』一七三頁）と述べ、今村が前提とした、たった三回の大地震の事例から地震周期の平均年数を割り出す統計の不完全性を指摘し、それを唯一の拠り所として、近く大地震が襲来すると警戒を呼びかけるのは、学理上適切ではないと批判した。

さらに大森は、「震災予防調査会が編纂せる大日本地震史料に依るに、慶長以後に於ける江戸及び其の附近の地震にして、多少震害を生じたるものは、合計十八回なるが、最も激しかりしは、安政二年十月二日夜四ツ時の地震にして、之に次げるは元禄十六年十一月二十二日丑の刻の地震なり」（同誌一七四頁）と述べ、安政二年と元禄十六年の地震は大地震だが、それ以外にも、これを含めて震害のあった地震が十八回もあった事実を指摘する。

そして大森は、東京で起る代表的な地震を震源の地域ごとに分類して、次のように詳述する。

「其の震原は盖し陸地内にありて、明治二十七年六月二十日東京激震と、粗其震央を同ふするならんが、二十七年地震は東京深川、本所及び草加、鳩ケ谷、川口、等震動強く震央は岩槻近傍より東京湾に延長する一地帯なるべく、安政二年の大地震も同一震原に属するものなるべしと思はる。

他の六回の地震は小田原に於て最も強く、其震源は相模南部若くは相模灘に在りて、明治二十年一月十五日の激震の震央、即ち相模國大山の南麓より横浜附近に延長せる地帯と相近かるべし。元録十六年地震の震央は之に並行せる海中の地帯なるべく、津浪をも伴ひ起せり」（同誌一七四頁）。

つまり、東京で起る地震は、慶安二年のように陸地内を震源とする地震、安政二年のように東京湾の一地帯を震源とする地震、元禄十六年のように相模南部から相模灘の海中の地帯を震源とする地震など、震源域によって地震のメカニズムが異なることを説明する。

次に大森は、東京を襲った全十八回の地震の発生間隔について、「前記十八回の地震より単に平均を取れば、約十六年毎に一回の割合となる。但し慶安二年の如きは二回の強震あり。之に反して寛永二年の地震より天明二年の地震迄で、七十六年間は一回の強震も無かりき。勿論平均年数毎に強震有るの理は無くして、往々数年間に引き続きて発震し、其の後数十年間は静謐となり、更に再び頻繁となるの傾向ありて、十八回の激震は、多少判明に六組に分つを得べく、即ち東京及び附近に強震の最も多かるべき時期の順次差は、三十年乃至八十年にして、平均五十一年となる」（同誌一七四頁）と述べ、東京を襲った十八回の大地震の周期の平均値を単純に求めると十六年となるが、その間に顕著な静穏期と頻繁期が認められることを論述する。

そのうえで大森は、次のように結語した。

「而して注意すべきは江戸地震の中にて震害の甚しき大地震と称すべきは、安政二年と元禄十六年の地震とのみなるが、元禄地震は小田原に於て最も激しく真の東京（江戸）大地震は江戸開府以来単に安政二年の一回に限りたれば、東京市が非常の震災を蒙るは平均数百年に一回と見做して可なるべければ、安政以後五十年を経たるを以て今にも東京全市が総潰れとなる程の大地震が起るべしなどゝ想像するは根拠無き空説なりと謂ふうべきなり」（同誌一七四頁）と。

要するに、注目すべき大地震は、安政二年と元禄十六年の地震であり、なかでももっとも注意しなければならないのは震源が東京に近い安政二年の地震のみである。そのため、東京に大きな被害をもたらすと危惧される大地震の周期は平均数百年とみなすことができると主張した。つまり、今村が東京を襲う大地震の周期を百年と考えたのに対して、大森はより多くの地震の記録を例に出しながらも、真に注意すべき大地震は一回だけだと判断し、地震周期は四百～五百年であると結論したのである。

今からおよそ百年前、地震が発生するメカニズムすらわかってはおらず、マグニチュードや相模トラフや海洋プレートという言葉（概念）すらなかった時代に、このときすでに大森は、東京近辺で起る地震を震源地ごとに分類し、内陸型地震と海洋型地震に大別できることを承知していたことに驚かされる。さらに、安政二年の地震は東京湾の一地帯を震源とする内陸型地震であり、元禄十六年の地震は相模南部もしくは相模灘から延長した海中の一地帯を震源とするより大規模な海溝型地震であることを認識し、その事実を「東京将来の震災に就きて」（『震災予防調査会報告　第八十八号—丙』大正九年三月三十一日発行）などで正確に指摘したのである。

ただ惜しむらくは、今村と大森が『太陽』誌上で戦わせた論文で、両者ともに安政二年の地震のほうに注目したことである。

『理科年表　平成三十年・第九十一冊』によれば、安政地震の規模は推定マグニチュード七・〇

〜七・一であるのに対して、元禄地震の規模は推定マグニチュード七・九〜八・二となっており、今村と大森の認識とは逆に、安政地震よりも元禄地震のほうが地震の規模が大きかったということを示している。

だとすれば、なぜ元禄地震を過小評価するということが生じたのだろうか。その理由のひとつに、安政地震の被害のほうが元禄地震の被害よりも大きかったという記録が残されていたことが挙げられる。事実『理科年表』でも、元禄地震の被害が「壊家八千以上、死者二千三百以上」（同書七四三頁）とあるのに対して、安政地震は「潰れ焼失一万四千余軒、死四千余。武家方には死約二千六百等被害があり、合わせて死は計一万とも」（同書七五一頁）とあり、安政地震の被害のほうが大きな数値になっている。

さらに、もうひとつの理由として、今村が『太陽』に発表した明治三十八年から見ると、元禄地震は二百二年も前のことであるのに対して、安政地震はわずか五十年前のことであり、安政地震の状況を証言できる体験者や詳細な被害の資料が安政地震のそれに比べて多く存在したことが考えられる。

じつは最近まで、元禄地震の規模は今ほど大きいとは考えられてはおらず、近年になって、津波によって浸水した地域の範囲や震源断層域の面積の広さなどから、元禄地震は関東地震（関東大地震）よりもさらに大きな大地震であったことがようやくわかってきた。

そのため、東京大地震襲来論争がはじまった十八年後に起ることになる関東地震を予知するためには、安政地震よりさらに地震の規模が大きい、マグニチュード八クラスの元禄地震に注目する必要があったのだ。

また、地震の規模に加えて、元禄地震に注目すべき重要な点がある。それは、大森が「東京将来の震災に就きて」で指摘した通り、地震は海洋型と内陸型の大きく二つのタイプに分かれ、元禄地震とそしてその後起ることになる関東地震は、同じ海洋型大地震に当たるということだ。

元禄十六年と大正十二年の関東地震は、どちらも地震のメカニズムがフィリピン海プレートの沈み込みによって発生した海溝型大地震であり、また震源域も相模湾から房総半島（相模トラフ）沿いのフィリピン海プレートの境界であることから、二つは二百二十年の時期を経て起きた同じタイプの地震とみなすことができるのだ。

また、大正十二年の関東地震と同じマグニチュード八クラスの海溝型大地震は、元禄十六年の関東地震のみで、ほかの慶安二年の武蔵地震（マグニチュード七・〇）と安政二年の江戸地震（マグニチュード七・〇～七・二）は、いずれも海溝型大地震ではなく直下型地震だった。そのため、地震規模がマグニチュード八クラスと大きく、震源域が同じ相模トラフ沿いの元禄地震を注視する必要があったと思われる。

次に、関東大地震と同じ相模トラフを震源域とする地震の発生周期について見てみよう。先に紹介した地震調査研究推進本部地震調査委員会では、関東大地震と同じマグニチュード八クラスの相模トラフを震源とする地震の平均発生周期を推定する試みを、さまざまな角度からおこなっている。

同委員会は、相模トラフ沿いを震源域とするとマグニチュード八クラスと考えられる歴史上の地震を洗い出し、永仁元年（一二九三）の永仁関東地震、元禄十六年（一七〇三）の元禄関東地震、大正十二年（一九二三）の大正関東地震（関東大地震）の三つの地震を挙げた。そしてこれらの地震の発生間隔は平均すると約三百二十年であるとした。

また、測地データから推定されるプレート間のひずみの蓄積速度と大正十二年の大正関東地震の推定すべり量をもとに、相模トラフを震源とするマグニチュード八クラスの地震の平均発生間隔を計算し、二百〜五百年という数値を導き出した。

他方、産業技術総合研究所活断層研究センターの穴倉正展らは、巨大地震によって地盤が隆起し海岸段丘が形成されることを利用して、関東地域で起きた巨大地震の発生回数を調査した結果、過去約三千年の間にマグニチュード八クラスの大地震が九回発生していることを明らかにした。その調査をもとに発生間隔のばらつきなどを考慮して、平均発生周期は約三百九十年と推定した。

つまり、歴史上の記録の調査から約三百二十年、測地データの計算から二百〜五百年、海岸段丘の地形調査から約三百九十年という地震周期を導き出したのだ。地震調査研究推進本部地震調査委員会は、これらの調査報告をもとにして総合的に判断した結果を「相模トラフ沿いの地震活動の長期評価・第二版」にまとめ、平成二十六年四月に発表した。そして、関東大地震と同様のマグニチュード八クラスの地震が発生する周期は、百八十〜五百九十年であると結論した。

今日の視点から当時を振り返り、今村と大森の二人の帝大博士による東京大地震襲来論争の意味とその論争の勝敗のゆくえを検証してみたい。

もっとも、百年前の論争を現在の知見から評価すること自体、当時世界の地震学の泰斗であった二人に対して不遜な試みであることは承知している。しかも、地震調査研究推進本部が発表した百八十年〜五百九十年という地震周期が将来にわたって正しいとも限らない。

しかし、過去の出来事を詳細に検証し、歴史を正しく評価することではじめて、新たな歴史を創造することができるとすれば、今村と大森の論争の顚末を見届けることは、今後の地震学を展望するうえで重要なことのように思われるのだ。

さて、地震調査研究推進本部が導出した地震周期百八十年〜五百九十年をもとに、およそ百年前の二人の帝大博士による東京大地震襲来論争を改めて確認すると、今村が『太陽』に寄稿した「市街地に於る地震の生命及財産に対する損害を軽減する簡法」で、大地震の周期とした平均年数は約百年だった。それに対して、大森が同誌に発表した対論「東京と大地震の浮説」で大地震の周期とした平均年数は数百年（四百年〜五百年）だった。

二人が推定した地震周期は、現今地震調査研究推進本部が導き出した地震周期の百八十年〜五百九十年とは完全には一致せず、今村が主張した百年説は、地震調査研究推進本部の百八十年〜五百九十年の範囲の下限付近に、大森の四百年〜五百年説は上限付近に位置する。そのため、今村と大森の間を取った年数が、今日推定される地震周期となり、今村と大森の東京大地震襲来論争の勝敗のゆくえを判断することは難しい。

そのうえで敢えていうならば、今村の百年説は百八十年〜五百九十年の範囲から外れているが、他方、大森の四百年〜五百年説は百八十年〜五百九十年の範囲に収まっており、大森が提示した地震周期は、地震調査研究推進本部が導き出した相模湾沿岸を震源域とする地震周期の範囲内と認めることができる。

今村は、東京近郊の地震周期は約百年であると主張し、直近の安政大地震からすでに五十年が経過しているので、いつ東京に大地震が起ってもおかしくないとした（「市街地に於る地震の生命及財産に対する損害を軽減する簡法」『太陽　第十一巻第十二号』博文館、明治三十八年九月）。

それに対して、大森は、東京近郊の地震周期は百年ではなく数百年であると訂正し、不確かな統計によって不安を煽る行為を戒めた。そして、震源域の違いを考慮して、より信頼性の高い統計に努める必要があることを指摘した（「東京と大地震の浮説」『太陽　第十二巻第四号』博文館、明治三十九年三月）。

関東大地震が起ったのは、今村が最初に『太陽』で警鐘を鳴らしてから十八年後のことである。そして震災後、今村は関東大震災を予知した地震学者として誉めそやされ、一方、大森は関東大震災を予知できなかった無能な地震学者として嘲笑された。

けれども、他に例を見ないほど地震が多発する日本において、地震が来るといいつづければ、それはいつかは当たる。そのことは、少なくとも当の大森と今村の二人は誰よりもよくわかっていたことであっただろう。

第五章　地震学の父の死

民心鎮静の犠牲

今村明恒にあとを託して日本を離れた大森房吉の、その後の足取りを辿ってみよう。

横浜港を発ってから二カ月後の大正十二年（一九二三）九月一日、日本時間午前十一時五十八分三十二秒、相模湾北西沖八十キロメートルを震源とする関東大地震が起きた。

オーストラリアを外遊中の大森は、第二回汎太平洋学術会議もあと三日を残すばかりとなったこの日、シドニーのリバービュー天文台（Riverview Observatory）に、エドワード・フランシス・ピゴット（Edward Francis Pigot）台長の招きで視察に訪れていた。

ピゴット台長はドイツから購入したばかりのウィーヘルト式地震計を大森に見せるため、大森を地震計の前に促した。ちょうどそのとき、地震計の描針が大きく揺れた。「ほほう大地震ですぞ」。といいながら大森は、すぐさま地震計の観測記録から震源方向と震源距離を計算した。そして、壁に掲げられていた大きな世界地図の前に立ち、シドニーから北北西微北《ほくほくせいびほく》の方向に七千八百キロメートル隔てた場所を指さした。大森が示した震源地は、東京湾湾頭であった。

大森は団員たちが引き止めるのを振り切って、独り帰途についた。生憎その日は日本への直航便はなく、一番早いハワイ行きの客船〝ナイヤガラ〟号に乗り、ハワイで日本船籍の〝天洋丸《てんようまる》〟に乗り換えて日本に向かった。その航海中に大森は病に倒れ、一時は意識不明に陥った。船中で大森の病状を診た医師は、脳腫瘍と診断した。大正十二年十月四日午後三時、大森を乗せた船は震源にほど近い横浜港に入港した。そのとき大森は、船室の小さな丸い窓から、夢とも現実とも区別がつかない状態で瓦礫と化した横浜の街の跡をはじめて目にした。

大森は、地震学者として震災の現場で陣頭指揮に当たるべき自分が、大地震が起きた日によりによって日本を離れていた身の不運を怨んだに違いない。そして、日本史上最悪の甚大な被害ももたらした関東大地震を予知することができず、それがために、それまでの平穏な日常が突然途絶え、無念な思いで亡くなっていった多くの人々のことを想像したことだろう。夥しい人の人生を奪った現実を前にして、自分の死をもってしても到底あがないきれない責任の重さに絶望し憂悶《ゆうもん》したに相違ない。

大森を乗せた天洋丸が横浜港の埠頭に着岸して、しばらくすると、大森の船室に今村が入って来た。このとき大森は、落ち窪んだ隈取りのある双眸《そうぼう》を瞠り、「今度の震災につき自分は重大な責任を感じて居る。譴責されても仕方はない」と今村に向かって謝罪したと、今村はその日（大正十二年十月四日）の日記に書き残している。

その後大森は、黒塗りの車に乗せられ本郷の東京帝国大学附属病院に搬送された。関東大地震の発生後におめおめと独り帰国した大森は、大学病院の無機質なベッドから起き上がることもできず、苦悶のうめき声とともに何度も嘔吐を繰り返すばかりであったという。

私は東京帝国大学附属病院に緊急入院した大森のその後の経過を知るために、国立国会図書館新館四階の新聞資料室を訪れた。大正十二年十月四日以降の新聞を手当たり次第に閲読すると、果たして大森の病状は連日新聞で報じられていた。その記事のあらましを抄録しよう。

塩谷主治醫の談

大森博士きのふは嗜睡狀態に陥る

『博士が發病されたのは、本年五月濠州方面旅行の際と思ひます。あの時分から頭痛がして食慾がなく、づつとこんな狀態が続いて汎太平洋學術會議に出席後は次第に頭痛がはげしく夜分寝つきが悪く食事が進まなくなつて、メルボルンに行つた頃には特にひどく物が二つに見える（複視）様になつたさうです。ホノルヽでは演説最中に嘔吐を數回やり、九月廿五日船中で地震の講話をされた時には突然卒倒したし、嘔吐を催す食慾はなし、けいれんは起る。その時でした、後頭部が痛み出したのは。入院されてからも脳腫瘍と診断して手當してゐましたが手術に難しい所で、只食慾の回復と嘔吐をとめるに勉める他はありませんでした。最近一週間は嘔吐は幾分止みましたが視力殊に右眼は段々鈍る。脈も六十が八十に、体温も三十六度三四分が六度七分から七度迄になり、卅一日などは嗜眠の狀態です。こゝ五日間は最も重大な時だと思ひます』と

（『東京日日新聞』十一月二日）

地震博士は治療の望がない　嗜睡狀態で半盲症を併発し全く重態を続く

帝大病院《ていだいびやうゐん》に入院中《にふゐんちう》の大森博士《おほもりはかせ》は昨夜《さくや》もまだ全《まつた》くの重態《じうたい》を続《つづ》けてゐる。博士《はかせ》の脳底《のうそこ》に出来《でき》てゐる脳腫瘍《のうしゆよう》といふ病氣《びやうき》は今《いま》となつては治療《ちりよう》の望《のぞ》みが少《すくな》い模様《もよう》である。それにこのごろは食物《しよくもつ》のエン下《げ》も困難《こんなん》となり嗜眠狀態《しみんじやうたい》に陥《おち》り、半盲症《はんもうしよう》さへ併発《へいはつ》した。昨朝《さくちよう》は體温《たいおん》三十七度《ど》、脈拍《みやくはく》八十七であ

つた。〈中略〉しかし『私《わたし》は視力《しりよく》がにぶつたと見《み》えて皆《みな》の顔《かお》がよく見えません。どうかなりませんか』そういつて淋《さび》しくほゝゑんだ。かつて日本《にほん》が世界の学界に誇《ほこ》る地震学者《じしんがくしや》も今《いま》は餘震《よしん》にビリ〱動《うご》く病室《びようしつ》に絶望的《ぜつぼうてき》に横《よこた》はつてゐるが我《わ》が学界《がくかい》も国民《こくみん》も博士《はかせ》が再《ふたゝ》び起《た》つてその学説《がくせつ》を述《の》べる日《ひ》を待《ま》つてゐる

（『報知新聞』十一月二日）

殆ど絶望の大森地震博士　茲二三日が最も危險　夢うつゝで滔々講義をする

世界《せかい》地震學界《ぢしんがくかい》の権威者《けんゐしや》である帝大教授理學博士《ていだいけうじゆりがくはかせ》大森房吉《おほもりふさきち》氏《し》は腦《のう》しゆようを病《や》んで大學病院《だいがくびやうゐん》三浦内科《うらないくわ》に入院《にふゐん》し既《すで》に廿八日間《にちかん》三浦博士並《ならび》に塩谷學士《しおやがくし》等《ら》が全力《ぜんりよく》を盡《つく》して治療《ちれう》を加へてゐるが、何分《なにぶん》にも手術《しゆじゆつ》を施《ほどこ》し得《え》ない難症《なんしよう》で、その上兩眼共《うえりようがんとも》に半盲症《はんもうしよう》となり、二日朝來《てうらい》三十八度《ど》三分以上《ぶいじよう》の高《かう》熱《ねつ》にて脈《みやく》は九三二、呼吸《こきふ》二十三と云《い》ふ危險狀態《きけんじようたい》に陥《おちい》つた。しかし意識《いしき》はすこぶる明《めい》れうで、常《つね》に講義《かうぎ》の事《こと》を心配《しんぱい》し、付《つ》き添《そ》ひの塩谷醫師《しおやいし》をとらへ『あまり悪《わる》くならない中《うち》に快《よ》くなつて、大《おほ》阪《さか》と九州《きゆうしゆう》の方《ほう》へ講演《かうえん》に行《ゆ》かねばならん。早《はや》くなほせないものかな』と醫師《いし》を困《こま》らせてゐた。『博《はか》士《せ》はこんな重態《ぢうたい》になつても常《つね》に講義《かうぎ》の事《こと》ばかり口《くち》ばしられ、昨夜《さくや》も夢《ゆめ》うつゝの内《うち》にたう〱と講《かう》義《ぎ》をなされるので、病氣《びやうき》に障《さわ》つてはと思《おも》ひ、お起《おこ》し申《まを》した様《よう》な譯《わけ》で、その熱心《ねつしん》さは敬服《けいふく》さざるを得《え》ない。帰朝當時《きてうたうじ》は地震《ぢしん》の事《こと》ばかりを氣《き》にして居《を》られたが、そんな事《こと》が病氣《びやうき》を重《おも》らせた一大原因《だいげんいん》である。幸《さいはひ》にも一週間程前《まへ》からおう吐《と》は止《と》まり、今朝《けさ》もくづ湯《ゆ》と梨《なし》とを少量《せうりよう》とられた。此後《このご》の事《こと》はなんとも申上《もうしあ》げ兼《か》ねるが、何分《なにぶん》にも難病《なんびやう》でお受《う》け合《あ》ひは出來《でき》ない。こゝ二三日が最《もつと》も危險期《きけんき》である』と顔《かほ》を曇《くも》らせた。此《こ》の様子《ようす》では殆《ほとん》ど絶望《ぜつぼう》らしい

（『萬朝報』十一月三日）

地震をう、は、言に大森博士は絶望

大森博士《おほもりはかせ》は昨夜《さくや》絶望《ぜつぼう》に陥《おちい》つた。博士《はかせ》は苦悶《くもん》の中《うち》にも發作的《はつさてき》にうわ言《こと》をいつてゐる。『太平洋沿岸《たいへいようえんがん》』とか『四谷《よつや》の方《ほう》は大丈夫《だいじようぶ》だらうか』などと地震《ぢしん》、建築《けんちく》、水道《すゐどう》などに関《くわん》したことばかり……聞《き》いてゐる人々《ひとびと》いづれも博士《はかせ》の胸《むね》の中《うち》を想《おも》ふて暗涙《あんるゐ》に咽《むせ》んだ。卵《たまご》一つとアイスクリーム少量《せうりよう》と女婿《ぢよせい》大橋氏《おほはしし》が岡山《おかやま》から持《も》つて來《き》た西洋梨《せいようなし》を『うまい』といつて食《た》べたのが二日中《ちう》の博士《はかせ》の食事《しよくじ》であつた。見舞客《みまいきやく》は学習院総代《がくしゆういんそうだい》として穂積重遠博士《ほづみしげとおはかせ》（法学博士《ほうがくはかせ》）、政友会《せいゆうかい》の大岡育造氏《おほおかいくぞうし》（元文部大臣《もともんぶだいじん》）、後藤新平氏《ごとうしんぺいし》（帝都復興院総裁《ていとふつこういんそうさい》）の田島秘書《たじまひしよ》等であつた

（『報知新聞』十一月三日）

大森博士は依然危険状態

我《わ》が國地震學《くにぢしんがく》の泰斗《たいと》であるのみならず世界的《せかいてき》に斯学《しがく》の権威《けんい》としてその名《な》をしられたる大森房吉《おほもりふさきち》博士《はかせ》の容態《ようだい》は依然《いぜん》として危険状態《きけんじようたい》を持続《じぞく》し爰《ここ》一両日《れうじつ》の間《あいだ》最《もつと》も憂慮《ゆうりよ》され居《ゐ》るが若《も》し萬《まん》一の事《こと》あれば誠《まこと》に我《わ》が學界《がくかい》の為《ため》一大損失《だいそんしつ》である。大學病院《だいがくびようゐん》三浦内科《みうらないくわ》第《だい》十六號室《ごうしつ》の病床《べうぜう》に横《よこ》たわつてゐる博士《はかせ》の枕頭《ちんとう》には夫人《ふじん》を始《はじ》め令息令嬢《れいそくれいじよう》及《およ》び親近者《しんきんしや》が詰切《つめき》り三浦博士《みうらはかせ》監督《かんとく》の許に主治醫《しゆぢい》塩谷學士《しおやがくし》が鋭意《えいい》これに當《あた》つて居《ゐ》る。博士《はかせ》の病名《べうめい》は脳腫瘍《のうしゆよう》にして十月《がつ》四日《か》に入院《にうゐん》以來《いらい》病勢《べうせい》重《おも》り少《すこ》しも輕快《けいくわい》に向《むか》はなかつたものであるが、地震學教室《ぢしんがくけうしつ》に今村明恒博士《いまむらあきつねはかせ》を訪《ど》ふと敬虔《けいけん》な態度《たいど》で博士《はかせ》の斯界《しかい》に貢献《こうけん》せる偉大《いだい》な功績《こうせき》を語《かた》る

『大森博士《おほもりはかせ》は明治《めいぢ》二十五年《ねん》震災《しんさい》豫防《よぼう》調査会《ちようさかい》創設《そうせつ》以來《いらい》これが會長《くわいてう》と幹事《かんじ》を兼《か》ね、その事業《じげう》の大半《たいはん》は皆博士《みなはかせ》一人《り》でなしたものである。東大《とうだい》に地震學《ぢしんがく》の講座《こうざ》を受持《うけも》つて以來《いらい》二十六年《ねん》、この外《ほか》に京大《きようだい》

九《きゆう》大早大等《だいそうだいとう》にも同様《どうよう》教鞭《きようべん》を取《と》つた。海外《かいぐわい》に出張《しゆつてう》すること前後《ぜんご》十回《くわい》或時《あるとき》には少《すく》なからず迫害《はくがい》を受《う》け乍《なが》らも研究《けんきゆう》に没頭《ぼつとう》した。先生《せんせい》の論文《ろんぶん》調査《ちようさ》報告《ほうこく》は数《すう》においても又質《またしつ》においても本邦學者中《ほんぽうがくしやちう》これに並《なら》ぶもの殆《ほとん》どなく、恐《おそ》らくは外國《ぐわいこく》にもその例《れい》が無《な》いであらう。研究論文《けんきゆうろんぶん》は邦文《ほうぶん》で百三件《けん》、歐《おう》文《ぶん》で百十一件《けん》あり、特《とく》に地震帯《ぢしんたい》の講究《こうきゆう》の如《ごと》きは地震豫知《ぢしんよち》を場所《ばしよ》に關《くわん》するものとに區別《くべつ》して、その前者即《ぜんしやすなわ》ち將來《せうらい》の大地震《だいぢしん》は如何《いか》なる場所《ばしよ》に起《おこ》る可《べ》きかの問題《もんだい》に付斯學界《つきしがつかい》の前途《ぜんと》に大《だい》なる光明《けうめい》を投《とう》じたるが如《ごと》き、實《じつ》に近世《きんせい》の地震學《ぢしんがく》は博士《はかせ》に因《よ》つて築《きづ》かれたりと云《い》ふも決《けつ》して遇言《ぐうごん》ではない』云々《うんぬん》

（『二六新報』十一月六日）

大森博士全く危篤　強心劑を注射

大森博士《おほもりはかせ》の容體《ようたい》は七日午後《ごご》八時《じ》の診斷《しんだん》によれば體温《たいおん》三十七・七、脈搏《みやくはく》九十八、呼吸《こきう》二十六にして、食欲《しよくよく》はこの日朝《ひあさ》から減退《げんたい》したので滋養灌腸《じやうくわんちやう》を行《おこな》つてゐるなど全《まつた》く危篤《きとく》の症狀《しやうぜう》にあり、心臓《しんぞう》の衰弱《すゐじやく》に對《たい》して強心劑《きやうしんざい》の注射《ちうしや》を行《おこな》つてゐる。病床《びやうしやう》の博士《はかせ》は嗜眠狀態《しみんじやうたい》から醒《さ》めず、家族親戚等《かぞくしんせきら》が靜《しづ》かに看護《かんご》に當《あた》つて居《ゐ》る

（『東京朝日新聞』十一月八日）

刻々危險迫る大森博士の容體　八日朝肺炎を併發して

重體《じうたい》を傳《つた》へられる大森博士《おほもりはかせ》は七日《か》夜来《やらい》嗜眠狀態《しみんじやうたい》が深《ふか》くなり、八日《か》朝《あさ》九時《じ》半體溫《はんたいおん》三十八度《ど》一、脈搏《みやくはく》百十乃至《ないし》百二十、呼吸《こきふ》三十で食欲全《しよくよくまつた》く止《とま》り、滋養灌腸《じようかんちやう》の吸收《きゆうしう》も鈍《にぶ》く且肺炎《かつはいえん》を併發《へいはつ》し危篤狀《きとくじやう》態《たい》となつた。斯《か》くて十一時頃《じごろ》になると容體《ようたい》一層險惡《そうけんあく》となり、入澤博士《いりざははかせ》が立會診斷《たちあひしんだん》した後《のち》カンフル

注射《ちふしや》及《およ》び酸素《さんそ》吸入《きふにふ》等《とう》を行《おこな》つてゐるが刻々《こく〳〵》危険《きけん》に迫《せま》つてゐる

（『大阪毎日新聞』十一月九日）

新聞各紙が伝えるように、大森の容体は一旦は快方に向かったものの、その後は日を追うごとに悪化した。そのため主治医の塩谷は、大森の十六号病室を面会謝絶とし、集中治療の態勢を敷いた。しかし、周囲の努力の甲斐なく、大森の容体は快復することなく、波のように間断なく襲ってくる嘔吐と咳で、徐々に衰弱していった。大森の意識は次第に薄れ、十一月七日の夜には完全に意識がなくなった。

十一月八日午前九時、体温三十八度一分、脈拍百十から百二十、呼吸三十となり、ついに危篤状態に陥った。午前十一時になると容体は一層険悪となり、塩谷医師が大森の痩せ細った腕にカンフル剤を注射し、渇いた口と鼻に酸素吸入器を装着した。そして意識を回復させることなく、午後三時二十五分、大森は枯れた花弁が地面に落ちるように静かに息を引き取った。行年五十五。

大森の悔恨と悲しみは、その死をもっても報われなかった。「地震の神さまといわれる大森博士が、こんな大きな地震が来ることを知らないはずがない。きっと、地震が来ることを知って、自分だけ日本から逃げ出したに違いない」。関東大地震直後、そんな風説が街のそこここでささやかれた。

地震学の父として死後も世界で高く評される大森は、わが国では「関東大震災を予知できなかった無能な地震学者」として後世に伝えられることになる。一方、今村は、関東大地震の発生によって一躍脚光を集め、「関東大震災を予知した地震学者」として讃えられた。

大森房吉が亡くなった翌月の十二月二十六日、大森の遺言どおり、大森の後任として今村が地震学教室の主任教授に就任した。大森より二歳年下の今村明恒は、明治二十七年に帝国大学理科大学物理学科を卒業し、地震学教室の副手（無給職員）を経て、明治三十四年、帝国大学理科大学地震学教室の助教授となった。この間、今村の肩書きは副手から助教授に変わったものの、つねに無給であることに変わりがなかった。

つまり、帝国大学理科大学地震学教室の人件費は教授一人分しか確保されておらず、その一人分の俸給は大森教授によって占められていた。それがために、大森教授が教授の職にあった間、今村助教授は無給であった。それは、地震学の人材育成に対する国の無理解の表れにほかならなかった。

今村は、大森教授のもとで助教授に就任して以来、じつに二十二年もの間、まさに無給の万年助教授でありつづけた。大森教授の死によって晴れて教授となった今村は、大森教授の死をどんな思いで受け止めたのだろうか。大森教授に叱責され、自説を浮説とまでいわれ、「自分の死後東京に大地震が起こったら墓前に報告せよ」と妻に遺言を残したことが口伝で学生たちにまで伝わっていることを見ると、今村の大森に対する対抗心は強く、大森の死をもってしてもなお遺恨が晴れることはなかったかもしれない。

そんな思いで、今村が大震災後に著した『地震の征服』（南郊社、大正十五年）に目を通していると、その二十八頁目にあるこんな一文が目に留まった。「疑いもなく先生は民心鎮静の犠牲となられた」。先生とはいうまでもなく大森房吉教授を指している。

今村の言葉は、地震学者の諦観というよりも、みずからの言動を顧み、自身の心の闇に向けられているかのようでもある。そのため、先の一文につづいて、こんな自責の念を思わせる言葉がつづられていた。それは、大森の職責を継ぎ、地震学教授になった今村の、率直にして痛切な本心の発露であったに違いない。

疑もなく先生は民心鎮静の犠牲となられたものであつて、自分が斯く臆測するとき、其背後が怨めしくなつて來ると同時に、先生を犠牲者になした動機が自分にあることを想像して、御氣の毒に堪へないのである。

（「民心鎮静の犠牲」今村明恒『地震の征服』南郊社、大正十五年）

大森の死後、今村は関東大震災にまつわる大森とのさまざまな思い出を、地震学会の機関誌『地震』に回想録の形で証言した。

たとえば、大森教授は早くから消防設備の整備の必要性を力説していたにもかかわらず、為政者《いせいしゃ》はそれを顧みなかったために、火災の被害が拡大してしまった。つまり、関東大震災は人災であったと述懐する。

關東大震災に於いては、其災害を輕減する手段が豫め講究せられなかつたことにつき、震災豫防調査會の無能が疑はれたけれども、これは會の責任よりも寧ろ爲政者の責任であつたろう。關東大地震の災害の九割五分は火災であつた。水道鐵管は餘り強大でない地震によりても破損して暫時用をなさないものであるから、大地震の場合に於いては全然破壊されるものと覚悟しなければならぬ。此事は大森委員を主として會が最も力說した所であるけれども、爲政者は之を顧みなかつた。〈中略〉さうして其時の豫測が偶〻十二年大震災の結果と略ぼ一致するに至つたのは筆者の最も恨みとする所である。

（「明治大正年間に於ける本邦地震學の發達」今村明恒『地震　第一巻第二号』昭和四年二月十五日）

また、今村は同じ地震学会の機関誌で、丙午地震説騒動から関東大震災にいたる一連の出来事を顧み、一般市民から見た地震学者を自戒の念を込めてこう振り返る。

大正十二年九月一日、遂に來るべきものが來た。然るに健忘なる市民諸君は言ふ。斯様な大事件の勃發を察知し得なかつたのなら地震學者は無能である。之を知り乍ら默して居たのなら怠慢であると。然り、實に予は市民諸君の前には無能か怠慢かの一員に過ぎなかつたのである。

右は過去の追憶であるが、今予が、此の一文を草するに當つて此記憶がありくと予が腦裡に蘇つて來るのである。其の一文は失敗に終つた。此一文には同じ運命を辿らせたくない、是れ予が眞劍な希望である。

（「南海道沖大地震の謎」今村明恒『地震　第五巻第十号』昭和八年十月十五日）

吉村昭の『関東大震災』

私が敬愛する小説家のひとりに吉村昭《よしむらあきら》氏がいる。

「書く」という営みの起源が、過去へと過ぎてゆく日々の思いを留めようとする行為であるとすれば、記録文学を樹立した吉村昭氏の仕事は、けだしもっとも根源的な意味において文学なのである。

多くの資料と綿密な取材に基づいて詳細に活写した吉村氏の『関東大震災』が、昭和四十八年（一九七三）八月十五日に文藝春秋から刊行され、同著の功績などが高い評価を受けて同年吉村氏は第二十一回菊池寛賞を受賞する。

その『関東大震災』には、文字通り関東大震災をめぐって多くの人物が登場する。わけても、東京帝国大学の今村明恒助教授がこの小説の主人公として登用され、今村の目に映る震災が生き生きと描かれている。そして、その今村の主張を否定するやや権威的とも取れる上司として大森房吉教授は登場する。

同著の刊行は、関東大震災から五十周年の記念の年に当たったことも重なって大きな反響を呼び、以来版を重ねて今もなお不朽のロングセラーである。豊富な史料に基づく確かな事象を淡々とした筆致で克明に描き出した『関東大震災』は、吉村氏がめざした記録文学の金字塔ともいうべき名作である。

小説は十九の章で構成され、「十九、大森教授の死」と題された最終章に、文字通り大森の死の記述がある。

十一月八日、大森は死去した。その顕著な業績に対して、正三位に叙せられる旨の発表があり、勲一等瑞宝章を授けられた。

関東大震災は、地震学に多くの貴重な実質的資料をあたえた。

大森房吉を中心に樹立された地震学は、大震災によって大きく前進することになった。

理学博士長岡半太郎は、地球の形と内部構造に焦点をあてた基礎研究を重視する必要を説き、石原純も今までは地震の研究が歴史的統計にたよりすぎたきらいがあると批判し、統計の研究と同時に計測、地質、物理の研究も並行させるべきだと主張した。

（「十九、大森教授の死」吉村昭『関東大震災』文春文庫、三三五頁）

ここには、大正十二年十一月八日に大森教授が死去した事実につづいて、長岡半太郎教授や石原《いしわら》純《あつし》教授が今までの地震学の方針に転換の必要性を主張したことが記されている。

そのことから、吉村氏は『関東大震災』を執筆するに当たって、東京大学理学部や東京大学地震研究所を訪れ、長岡半太郎教授や石原純教授の弟子や孫弟子に当たる複数の教員に周到な取材をおこなったことが窺える。

なぜなら、大森教授の死をきっかけにして、大森を中心に樹立された地震学に対して、物理や工学など、ほかの分野の理学者からの批判が集まったからである。批判の主旨は、今までの地震予知は、地震の史料をもとにした統計的手法によるもので、それは科学的とはいえないというものであった。その批判の急先鋒の一人が、大森が会長を務めた地震予防調査会の当初からの委員で、大森より三歳年上の長岡半太郎東京帝国大学理科大学（理論物理学）教授である。

のちに初代大阪帝国大学総長（昭和六年）や帝国学士院院長（昭和十四年）などの要職を務め、日本の理学会の大立者となる長岡半太郎は、過去の地震記録から何年後に地震があるだろうなどと予言する今までの地震予知は占いに近く、科学的とはいえないと、地震予知のあり方を厳しく批判した。

その主張は、長岡半太郎が認めた「地震研究の方針」と題する短い文章に端的に表れている。

古來の地震記録を輯集して、其内容を解剖して取捨し、此處には何年目に地震が起る、彼處には何年を經て地震あるべし杯、言はゞ豫言者的態度を執らふとすれば、根據は今日の有様では多くは統計的事實に在る、所謂當るも八卦當らぬも八卦と申すやうな豫言で、世人をして五里霧中に迷はしむる嫌がある、過去の地震は參考材料として有益であるけれども、此方法のみに信頼するには未だ科學的ならざることは、誰も一致するであらふ

（『大正大震火災誌』改造社、大正十三年、四二頁）

『関東大震災』（文春文庫、三三五頁）で長岡半太郎の弟子の石原純がいったとされる「今までは地震の研究は」とは、名指しこそしてはいないものの、その三行前の「大森房吉を中心に樹立された地震学」を指している。また、「たよりすぎたきらいがある」と批判した「歴史的統計」とは、大森が史料などを詳細に検証することで発見した、地震が多発する地域とそうでない地域があること（地震帯説）や、地域によって地震発生に一定の周期があること（地震周期説）などを示唆している。

長岡半太郎教授や、その弟子の石原純教授が大森の地震学に対して厳しい批判をしばしば公言した背景には、すでに地震学の基礎的な理論がほぼ出揃ったあとを担う責任と、大森たちが築いた地震学を一朝一夕には乗り越えられそうにないという焦りの気持ちもあっただろう。さらに、地震学の門外漢であるという負い目から、これまでの地震学の方針や業績そのものを批判することで新たな地震学の方向性を模索し、未来に向けた原動力に繋げようという狙いがあったとも想像できる。

もっとも、大森が発見した地震帯説や地震周期説は、その地域が今後五十年後や百年後に大地震がどのくらいの確かさで起るかの目安にすることができ、それは地震発生確率を試算する方法として今日に活かされている。しかし、長岡半太郎がいみじくも指摘したように、大森が発見した方法だけでは地震発生確率を予測することはできても、真の意味で実用にたる地震予知をおこなうことができないのも事実であった。

また吉村氏は、『関東大震災』で大学内に新設された地震研究所についてこう著している。

地震学研究機関の充実がはかられ、東京帝国大学工学部教授末広恭二が寺田寅彦の協力によって、大正十四年十一月に地震研究所の設立に成功した。同研究所は、総合研究をおこなうことを目的とし、ひろく門戸をひらいて多数の参加を求めた。

また中央気象台の地震観測網もいちじるしく拡大し、その後日本の地震学は急激に発展していったのである。

（「十九、大森教授の死」吉村昭『関東大震災』文春文庫、三三六頁）

大森への批判は、大森の研究に留まらず、大森が会長を務めた震災予防調査会の運営にも向けられた。震災予防調査会の発足当初は一助手として末席に座っていた大森が、急速に頭角を現し、震災予防調査会報告に掲載される論文のほとんどが大森の論文で占められた。だが、大森が亡くなると一転して、他の教授陣から大森批判が続出した。大森会長は震災予防調査会を独占し、また、関東大震災に際して地震の予知や防災に対してなんら有効な対策を打ち出せなかったとする批判が長岡委員をはじめ複数の委員から出されたのである。

大森主導によるこれまでの研究体制を一新し、地震を基礎から研究する新たな専門機関の開設を求める声に応える形で、東京帝国大学本郷構内に新たに地震研究所を設立することが決定された。それにともない、これまでの表面的な現象論を捉える統計学的な研究手法も刷新され、地震が発生する地球内部の構造の解明に向けた基礎研究に重きを置くことに研究の方針が定められたのだった。

折しもちょうどその頃、地球物理学上歴史的ともいえる新たな学説が提唱され、その学説が大森批判を後押しする大きな背景ともなった。その端緒となったのが、一九一二年にドイツのアルフレート・ヴェーゲナー（Alfred Lothar Wegener, 1880-1930）が発表した大陸移動説（Continental Drift Theory）だ。この大陸移動説の登場によって、「この大陸を移動させている地殻変動のエネルギーこそが、地震を発生させる原因そのものなのではないか」という考え方が地震研究者の間に広まった。地球内部の仕組みを研究することによって、地震発生のメカニズムを明らかにし、ひいては地震予知の実現に結びつけることができるのではないかと、多くの地震研究者は期待したのである。

その考え方は、若手研究者に地震学が挑戦しがいのある魅力的な学問分野だと思わせただろう。

なぜなら、突然権威者がいなくなった地震学は、旧来の方法に全く縛られることなく、たとえ門外漢の新人研究者であっても自由に研究することのできる広大な未知の学問領域となったからである。さらに、地震学研究所の設立とその後の運営には、日本の理学界の大立者といわれた長岡半太郎博士の意向が少なからず影響した。そのため、権威者のいない自由な研究領域と、科学界の大立者の後ろ盾を同時に得ることができる東京帝国大学地震研究所は、若手研究者にとって願ってもない研究環境であると映じたに違いない。

一方、大正十四年十一月十三日、東京帝国大学本郷構内に新たに地震研究所が発足したその日、菊池大麓学長が中心となって設立し、大森房吉が牽引した震災予防調査会は、その三十三年の長い歴史に幕を下ろし廃止された。

その頃、大森の後任として地震学教室の主任教授となった今村は、新設された東京帝国大学地震研究所に集まる若手研究者に大きな期待を抱きながらも、素人の稚拙な研究を見るに付け、歯がゆい気持ちで眺めていた。

そんな今村が、みずからの心の内を自著『地震の征服』(南郊社、大正十五年)で思わず吐露している個所がある。「第三篇、地震研究所」の「第一、大震後素人研究者の簇出」は、こんな書き出しではじまる。

大地震後、素人の地震研究者が其數を激増し、自分に取っては嬉しくもあり、又或る難みをも感じた。其喜びを感ずるは、申すまでもなく、幼稚な地震學が此等の人によりて培養されることもあろうし、又奨励されることもあろうし、少くも初篇に述べた通り、我日本國民が擧つて地震の理解者でありたいといふ自分の眞劍な希望に近づくことにもなるからである。又或る難みを感じたのは、此等の研究者が手取り早く或る成績を攫んで其批判を自分に求めに來られたとき、自分は其研究者が失望されない様に批判することを心掛けたのであるが、中には文書を以て交渉されるので、自分の仕事に忙しいものには、之れが中々難義であつた。若し其中に幸に前人未發の有益なものでもあつたなら自然樂みもある譯だが、素人の哀しさ、多くは研究の沿革を無視し或は前人の失敗を繰返されたに過ぎなかつた。然しながら極めて稀な場合に於ては、他の素人を驚かすに足るべき所謂大發明がないでもなく、新聞紙上に於ても盛に喧傳せられ、之を賞揚する餘り、專門家は却つて無能で、徒らに莫大な獻立を空想し、多額の費用を要求する外には何の能なきものとまで極言した人もあつた位である。されば此重々しい獻立を必要とすることの理解を得るには、手輕な前人の研究が行詰つて居ることを述べる必要がある様に思ふのである。

（「第一、大震後素人研究者の簇出」今村明恒『地震の征服』南郊社、一八八～一八九頁）

大正十四年十一月に東京帝国大学地震研究所が発足し、翌十五年一月に自身もその教授に就任した今村は、多くの若手研究者の出現を「嬉しくもあり、又或る難みをも感じた」と悲喜こもごもの感想を率直に表している。

今村は、「多くは研究の沿革を無視し或は前人の失敗を繰返されたに過ぎなかつた」と記し、これまでの研究を少し検証すればそんな無駄なことを研究しなくて済んだものをと、落胆する。それでも今村は、「然しながら極めて稀な場合に於いては、他の素人を驚かすに足るべき所謂大発明がないでもなく」と、自分の研究が忙しいにもかかわらず、後進の研究者からの助言の求めに応じるものの、「自分は其研究者が失望されない様に批判することを心掛けたのである」と、やはり研究に価値があるものはなく、若手研究者が失望しないように助言することに苦心したと漏らしている。

さらに今村は、「多額の費用を要求する外には何の能なきものとまで極言した人もあつた位であ る」と記し、地震の研究には全く才能がないが、研究費を要求する才能だけはあるとまで言った人もあったくらいであると、呆れた様子で振り返る。

関東大震災以降今日に至るまで、大森房吉と今村明恒に代わって日本の地震学を担ったのは、助手五名、書記一名の合計六名で開設された東京帝国大学地震研究所である。それは、今村明恒が繰り返し指摘している通り、開設当初は地震学の素人の集まりにほかならなかった。

というのも、たとえば、東京帝国大学地震研究所の初代所長末広恭二《すえひろきょうじ》教授は、造船工学者で、専門は震動工学であった。近代地震学の黎明期に大森房吉と同時代に活躍した日本を代表する地震学者・今村明恒をして素人研究者といわしめたゆえんである。

しかし、なぜ地震研究所の所員が所長を含めて素人研究者の集まりになったのかは、やはり大きな謎である。なぜなら、たとえ大森が故人となり、今村も定年間近であったとはいえ、大森や今村が主任教授を務めた地震学講座は中断することなくつづけられ、かつて大森や今村がそうであったように、地震の研究を志し地震学教室に出入りする学生も少なからずいたはずだからだ。

不思議に思って資料を当たっていると、ひとりの地震学者が書いた回顧録を発見した。その地震学者とは、今村教授の教えを直接受け、昭和七年（一九三二）に東京帝国大学理学部地震学科を卒業した萩原尊禮《はぎわらたかひろ》である。その萩原尊禮（当時東京大学名誉教授）が著した回顧録『地震予知と災害』（丸善、一九九七年）に、驚くべき事実が記されていた。

私の卒業しました一九三二年頃は、日本は不況のどん底でしたので、就職が深刻な問題でした。そのうえに、地震学科の卒業生は気象庁（ママ）へも地震研究所へも入れないことがだんだんわかってきました。今村先生は業績のある方ですが、鹿児島県人で非常に頑固な方でした。したがって仲間との妥協は一切なさらないので、仲の悪い先生方も多かったのです。特に当時の気象台長岡田武松《おかだたけまつ》先生、地震研究所の初代所長の末広恭二《きょうじ》教授、この二人が地震学教室の卒業生は採用しないということを明言しておられたようです。ですから地震学科の第一回の卒業生、岸上冬彦さんと井上宇胤《うぃん》さんだけが地震研究所に入っていましたが、その後は一切採らぬということでした。そこで第二回卒業の河角さんは地震学教室に残られたのです。そういう事情を当時の気象台の若い連中が「坊主憎けれぱ袈裟まで憎い」のだから、坊主－袈裟のセオリーだといって笑っていました。どうも袈裟になった我々こそいい迷惑だったわけです。そんな事情なので、私は好んで大学院に入った訳ではないのですが、地震学科を卒業しても行くところがないので月謝を払ってブラブラしていたのが真相です。

（「地震への入門」萩原尊禮『地震予知と災害』丸善、五〜七頁）

地震学を専攻する大学生の主な就職先は、気象台か地震研究所くらいのもので、それが叶わなければ大学院生として大学に残るほかないという就職難の状況は今も昔も変わらない。そういう背景を踏まえて、大森のあとを継いで地震学教室（のちの地震学科）の主任となった今村教授の指導を受けた萩原氏の回顧録を読むと、地震学科の卒業生が、数少ない就職先であった気象台と地震研究所からあからさまに冷遇された様子がひしひしと伝わってくる。

震源地争い

東京帝国大学地震研究所の初代所長に就任した末広恭二教授が地震学教室の卒業生を採用しなかった背景には、従来の地震学を革新したいという意図があったと考えられる。加えて、大森房吉教授の死を契機にしてややもするとありがちな学内での権力争いと捉えるべきかもしれない。

では、中央気象台の岡田武松台長までが地震学教室の卒業生を採用しないと明言したのはなぜだろうか。一方的に地震学教室の卒業生を冷遇した地震研究所と同様に、中央気象台にもそれなりの理由があったはずである。

中央気象台と地震学教室はなぜ対立しなければならなかったのか。国立国会図書館新館四階の新聞資料室を訪ね、両者の関係を遡って調べてみた。

すると、中央気象台と地震学教室は永年（大正十年～昭和五年）にわたり、あることをめぐって熾烈な争いを繰り広げていたことが次第にわかってきた。その争いは〝震源地争い〟と呼ばれ、その勝敗のゆくえが新聞各紙で報じられるなどして世間の話題となったのだ。

中央気象台と地震学教室の争いの発端は、明治三十九年（一九〇六）にまで遡る――。

明治三十九年二月二十四日午前九時十四分、東京湾を震源としてマグニチュード六・四の直下型地震が東京を直撃した。麻布・芝・赤坂方面の煉瓦建築や土蔵などが倒壊し、市民に犠牲者も出た。

このとき宮城内で火災が発生し、火災に巻き込まれて女官が焼死した。宮中で女官が亡くなったことを重く受け止めた今上天皇（明治天皇）は、これを機に地震に強い関心をもたれ、地震が起きた折りはわかったことを直ちに報告せよとのお言葉が東京帝国大学地震学教室の大森房吉主任教授に伝えられた。それを受けて、大森は少し大きいと感じるような地震が起きると、夜中でも直ちに本郷の地震学教室に駆けつけ、地震の震源や大きさなどの情報を記した報告書を作成し、それが侍従を通して天皇陛下に伝えられた。大森が今上天皇に伝えるために作成した報告書の写しが、いつからか新聞各社にも配られるようになり、地震が発生する度に地震学教室の大森教授が地震情報を発表することが通例となったのである。

地震といえば、地震学教室の大森教授が発表するものということが国民の間に定着していた頃、ある出来事が起きた。大正十年（一九二一）十二月八日午後九時三十一分、茨城県東部を震源にマグニチュード七・〇の地震が発生した。茨城県鹿嶋市で多くの墓石が倒れ、千葉県印旛郡では土蔵の壁が崩落。東京でも震度四の強い揺れを感じ、市民を驚かせた。

中央気象台で当直に当たった地震掛の担当者は、茨城方面の観測所から次々に無線電信で送られてくる観測データを受けとった。そして、初期微動継続時間から大森公式に則して震源を計算した結果、震源は霞ヶ浦と推定した。このとき、中央気象台地震掛長の中村左衛門太郎《なかむらさえもんたろう》（のちの東北帝国大学教授）は、海外に出張中で、その留守を預かっていたのは、入台二年目の新人で、地震は門外漢（専門は地磁気）の国富信一《くにとみしんいち》（のちの上海気象台台長）であった。

地震情報は地震学教室が発表するものであることを知らない国富は、震源が霞ヶ浦であることを導き出すと、それを新聞各社に報告した。

翌十二月九日、朝刊の新聞紙上に「震源地争い」の見出しが踊った。記事は、地震学教室の大森主任教授は、震源地は鹿島灘であると発表したが、中央気象台の国富技師は、震源地は霞ヶ浦だとして、帝大の大森博士に異論を唱えたことを報じていた。

報道でことの重要性にはじめて気付いた国富は、叱責されることを覚悟で中央気象台台長の岡田武松にことのしだいを報告した。ところが岡田台長は破顔一笑し、「喧嘩の相手は世界的な地震学者だ。負けて当然、勝てば儲けもの。大いにやれ」と、逆に励ましたという。

じつは、中央気象台の岡田武松台長は、かねてから地震学教室が地震情報を発表することを快く思っていなかったようだ。大森式地震計と大森公式がなければ、地震の大きさや震源を知ることはできない。しかし、大森公式という簡単な計算方法によって震源を誰でも計算することができ、しかも、全国各地の観測所で日々の地震の観測業務をおこなっているのは気象台の職員たちである。そして中央気象台でも震源を特定する作業が日々の業務としておこなわれていた。にもかかわらず、いちいち地震学教室の大森房吉主任教授にお伺いを立てるのは、面白くない。岡田台長にとって地震学教室の大森教授は目の上のたん瘤《こぶ》のように思えただろうことは容易に想像することができる。

それまでは地震学教室の専管業務であった地震情報の発表は、大正十年十二月九日の「震源地争い」の報道以降、地震がある度に地震学教室と中央気象台の二箇所から発表されるようになった。加えて、両者が発表する震源地の多くが微妙に異なったため、そのたびに「又震源地争い」の見出しが新聞紙上を賑わし、世間の話題となったのだ。

次の記事はその一例である。

又震源地争ひ

二日未明と早朝に二回の地震があつた。大分大きかつたのとその他に数回微震を感じたので不安は一通りではなかつた。之について帝大と氣象臺は左の通り發表したが、震源地が一致せず又もや震源地争ひが初つたが、氣象臺は鹿島灘沖で銚子北東廿里と云ひ、帝大では一つは常磐沖で、一つは前者の近所だと云つて居る。

常磐沖に二つ　帝大今村博士の發表

帝大地震學教室今村理學博士は次の如く發表した。

東京では二日朝未明と早朝に二回の地震を感じた。前者は發震時午前二時二十五分十六秒初動の方向南六十七度西の上方、最大全震幅二寸二分、總繼續時間一時間半、震源は東京より東北東に當り、四十九里の距離を有し、常磐沖に在り。又後者は發震時午前五時十六分十四秒、初動の方向南四十度西の上方最大震幅九分、震源は略ぼ前者に近く、地震の大きさは凡そ前の半ばに等し、但し發震前に近距離微震があつて稍複雑な波動を示し、又此等の地震の餘震として無感覺なる地震の多數を記録した。〈中略〉

今日も地震があろう　震源は鹿島灘沖

中央氣象臺の中村技師は曰く、「午前二時の地震が絶頂で三日になつても地震はやまぬかも知れないが恐れる程の事はなく、漸次靜まつて行かう。性質は火山性ではない事丈けは確かである。震源地は鹿島灘沖で、銚子の北東廿里の點と観測される。水戸地方はかなり強かつたらうと思ふが、震源地は今度の様な時は一つでも二つでもあるやうに思はれるが、そんな事はあるまい」

（『讀賣新聞』大正十二年六月三日）

大森の死後、大森に代わって今村明恒が地震学教室の主任教授になり、また、中村に代わって国富信一が中央気象台の地震掛長になってから、震源地争いはさらに激しさを増した。

中央気象台の国富地震掛長には岡田台長の期待に応えたいという思いがあり、一方、地震学教室の今村主任教授には、大森前主任教授が一から築き上げた業績をなんとしても継承するという責任感があった。そのため両者の引くに引けない震源地争いは、今村が東京帝国大学を定年退官するまで繰り広げられたのだ。

そして今村が退官した昭和六年（一九三一）から、地震情報の発表は中央気象台（昭和三十一年気象庁に改称）に移管され、現在では気象庁地震火山部がおこなうことになっている。

地震研究所と中央気象台が、地震学教室と対立した理由、それはかつて「地震学の白亜の殿堂」と呼ばれ、世界の地震学を牽引した地震学教室に対する対抗意識の表れでもある。

顧みて、大森房吉が発明した「大森式地震計」は、世界ではじめてP波やS波を描出することに成功した。また大森は、「余震の大森公式」や「震源距離の大森公式」などの公式を導出し、余震の実態や震源の特定法を明らかにした。さらに、「地震帯」「地震周期」「地震空白域」などの概念や理論を発見するなど、地震学の基礎をほぼ一人で構築した。

こうした数々の功績は、大森が詳細な地震観測結果を一つ一つ検証し、そのなかから論理的に一つの法則性を抽出することによって一行の公式や新たな概念に結実させたものにほかならない。もっとも大森の研究の多くは、多くの教授が指摘するように、歴史的資料や統計学的手法を駆使することによって導き出されたものだ。

だが、だからといって長岡半太郎教授の「基礎理論を重視していない」というものや、長岡の弟子の石原純教授の「歴史的統計にたよりすぎている」などとする、大森への批判は当たらない。

大森房吉の地震研究への評価は、今日のように決して低いものではなく、大森は生前、じつに多くの栄誉を受けている。たとえば、明治四十一年（一九〇八）二月四日、大森は勅旨《ちょくし》により帝国学士院会員に任じられ、特に顕著な功績を残した研究者に対して与えられる研究補助金を大正六年（一九一七）に受けたのをはじめ、大正十二年（一九二三）までに計五回もの研究補助金を下賜されている。それは大森の死後帝国学士院院長となる長岡半太郎が帝国学士院から研究補助金を三回賜ったのを筆頭に、末広恭二の三回、小藤文次郎の二回、寺田寅彦《てらだとらひこ》の一回と比しても、大森の五回は抜きん出て多い。これらのことから、当時の大森の研究に対する評価と期待がいかに高かったかを理解することができるだろう。

しかし、大森の死をきっかけに大森の評価は一転し、学内の他の教授陣から冷評されるようになった。そこには、関東大地震の発生があったことはいうまでもない。しかし、それにしても、近代地震学の礎を築きあげ、世界から「地震学の父」と高く評価された大森の業績が、今日過小に評価され、度々批判されるのを見るにつけ、まだなにかほかに理由があったのではないかと思えて仕方がない。かつてあれほどの偉業を残しながら、今日なぜ地震学の歴史から消えようとしているのだろうか。恐らくそこには、もうひとつの理由として後継者の不在があったのではないかと想像できるのだ。

すでに記した通り、世界の地震学の黎明期に、大森房吉は地震学の基本理論のほとんどを導出し、極めて大きな業績を残した。だが、多くの業績を残したのとは対称的に、弟子を残さなかったのである。

大森は、その人生のほとんどを古い文献を精査し、膨大な観測データを解析し、国内外の地震の現場を踏査するために使い、弟子を育てる時間をほとんどもたなかった。そして、大森の死によって今村が地震学教授に就任する。しかし、大森より僅かに一歳八カ月年下の今村は教授になったとき、すでに定年まであと七年を残すばかりで、今村もまた後継者を育てる時間をほとんどもてなかった。それがために、大森ならびに今村が牽引した地震学を正当に継承できる後継者は途絶えてしまったのだ。

代わって、理論物理学や震動工学など、地震学とは直接関係のない研究者が地震学の研究に多数起用され、地震という専門領域の壁を越えた学際的な研究体勢がとられた。そして、大森や今村が進めたこれまでの地震学とは一線を画した研究体制づくりが着々と進められ、そうして東京帝国大学地震研究所が発足した。さらに先述したように、大森房吉という第一人者を失ったことで、逆に大きな重しが取り除かれ、専門外の多くの若手研究者は目を輝かせて未知の研究分野に取り組んだと思われる。

関東大震災の二年後、大森房吉が主任教授を務めた木造平屋建ての地震学教室の隣に、大森教授から直接指導を受けた内田祥三教授の設計によって堅牢な鉄筋コンクリート造二階建ての地震研究所が落成する。

一方、「地震学の白亜の殿堂」と呼ばれた地震学教室は、その後ほどなくして取り壊されたのである。

地下で今も動きつづける大森式地震計

大森房吉の業績を辿っている過程で、大森の代表作ともいえる大森式地震計が東京大学地震研究所で今も動いていることを知った私は、早速東京大学地震研究所に電話で問い合わせ、見学の許可を取った。後日再び東京メトロ南北線の東大前駅で降り、東京大学地震研究所の門を入って二号館の一階ロビーに着くと、すでにそこには六十代半ばの初老の紳士が私を出迎えるために立っていた。私の電話に対応してくれた東京大学地震研究所広報アウトリーチ室の桑原央治さんだ。

先導する桑原さんのあとについて地下に続く階段を降りると、薄暗がりの空間に滞留していたひんやりとした地中の湿った冷気が足下から這い上がってきて、瞬くうちに全身を浸した。

観音開きの扉の中央に古い木の看板が掲げられ、看板には大きな文字で「地震観測室」と墨書されていた。

「研究所が本郷キャンパスから弥生キャンパスに移転した当初、本郷にあった地震計をこの部屋に移し、地震観測室として使っていたようです。今は〝地震計博物館〟と名付け、地震計を展示しています」といって桑原さんは微笑んだ。

東京帝国大学地震研究所が発足したのは、関東大震災から二年後の大正十四年（一九二五）十一月十三日である。大森が主宰した地震学教室の隣（現在の安田講堂裏）に、新たに鉄筋コンクリート構造二階建ての地震研究所が創設され、大森房吉の死をきっかけに、地震学の新たな歴史がそこからはじまった。

設計者の内田祥三が描いた平面図によれば、東京帝国大学地震研究所の一階には所長室をはじめ、各所員の研究室が配置されていた。また、地階一階に実験室、地下二階に地震観測室があった。

恐らく東京帝国大学地震研究所の発足当初は、地下二階の地震観測室の扉に、今の地震計博物館の扉に掲げられているものと同様の看板が掲げられていただろう。そして、この看板を掲げた扉の向こうでは、ユーイング、ミルン、大森房吉、今村明恒などが考案した各時代を代表する地震計が肩を並べ、二十四時間体制で地震観測がおこなわれていたという。

桑原さんはポケットから鍵を取り出し、施錠された銀色のドアノブを回して、観音開きの扉を押し開いた。するとそこには、数多くのさまざまな地震計が一堂に居並んでいた。歴代の地震計の名器が時空を超えて出迎えてくれているようで私の胸は高鳴った。

桑原さんの背中を追って通路を進むと、桑原さんはガラスケースの前で歩みを止めた。「これがユーイングの水平振子地震計です。資料をもとに復元した模型で、残念ですが今は動きません」と説明した。

ガラスケースのなかにはレコードプレーヤーのような器械が展示され、ケースの前には「ユーイングの水平振子地震計、模型（一八七九〜一八八八年製作）」と記されたプレートが添えられていた。

明治十一年（一八七八）に来日したお雇い英国人技師ジェームズ・アルフレッド・ユーイングが、来日の翌年に考案製作したのがこのユーイングの水平振子地震計で、今日のすべての地震計の原点ともいえる名器である。

ケースのなかを覗き込むと、回転台の上には直径三十センチメートルほどのガラス板の円盤が置かれ、その円盤に二本の水平振子の先端の描針が僅かに接して立っている。一本の水平振子は地震の東西方向の揺れを、もう一本の水平振子は南北方向の揺れを記録するためと思われる。

ユーイングの水平振子地震計を見ていると、まるで指揮者の二本の腕の動きに合わせてオーケストラが音楽を奏でるように、二本の水平振子の動きによって地震動をリアルタイムに描出したかつての雄姿が目に浮かんだ。

ユーイングの地震計は明治十二年（一八七九）からおよそ二十年もの間、東京大学地震学教室などで使われた。特筆すべきは、記録方式にすでに「煤書き式」を採用していることだろう。この地震計には煤を付けたガラスの円盤に水平振子の先端の針で引っ掻いて記録する方法が取られ、以後、煤を付けた記録媒体に地震波を記録する煤書き式は、のちの大森房吉や今村明恒など、歴代の地震

東京大学地震研究所の地下１階にある地震計博物館の扉

計の製作者に脈々と受け継がれることになる。

一方、ユーイングの地震計は円盤状の記録媒体を用いたために、何回転もすると前の地震波の線と重なってしまい読み取ることが困難となる。そこで線の重なりを少なくするために、地震が来るとその震動で振子の止め金が外れ、円盤を回転させて地震計が作動するようになっていた。そのため、地震が起きる最初の挙動を捉えることができないという欠点があった。その欠点を克服したのが、ほかならぬ大森式地震計だ。

ユーイングが煤を付けた円盤状のガラスを記録媒体に用いたのに対して、大森は筒状のドラムに煤を付けた紙(煤煙紙)を巻くことを創案する。それによってはじめて二十四時間観測をすることができ、地震動の全容を記録することが可能となった。そして大森式地震計が登場した明治三十一年以降、ドラムに煤煙紙を巻く方法が記録方式の主流となるのだ。

桑原さんはユーイングの水平振子地震計から離れ、通路の突き当たりの小さな扉の前に立った。「ここが、紙に煤を付けた部屋です」。扉の中央に「関係者以外立ち入り禁止」と書かれた紙が貼られている。桑原さんがその右端にあるドアノブを手前に引くと、扉の裏側に「煤付け部屋」と書かれた紙が現れた。

部屋に入ると、三畳ほどの狭い空間の正面に黒い金属製の箱が据え付けられていた。箱の両端には軸受けがあり、その上に筒状のドラムが設置され、箱のなかには石油ランプが置かれていた。その上から大きな換気扇のフードが覆い被さるように下がっている。

恐らく、筒状のドラムにアート紙を巻き付け、片手でドラムを回してアート紙に石油ランプの炎

地震計博物館の左脇にある煤付け部屋

から立ち上る煤を付けると同時に、もう一方の手で石油ランプの位置を移動させて紙の全面に煤を均等に付着させたと思われる。

煤付け装置の横には台が備えられ、台の上には長方形の金属製の器が置かれている。器の上の壁面には「二度漬け厳禁！」「台にニスを残す可からず」と書かれた紙が貼られていた。また、その脇には手拭い掛けに似た数本の金属の棒が並行に並んでいた。

煤煙紙は、描かれた地震波の記録を定着させるためにニスの液体に漬けたというから、この器のなかにニスを入れ、地震波が描かれた煤煙紙をニスに漬けたのち、その横にある金属の棒に吊して乾燥定着させたのだろう。

煤煙紙の制作と定着は、地震学教室の助手や学生たちの日課となっていたことから、かつては大森や今村もこれらの装置に囲まれ、煤で顔や手を真っ黒にしながら毎日作業に当たっていたに違いない。地震学の黎明期の潑剌とした光景を垣間見た気がして、妙に清々しい心持ちになった。

桑原さんのあとに従って煤付け部屋を出ると、堅牢なコンクリートの台座の上に数多くの地震計が所狭しと置かれていた。私は、何気なく目の前にあるガラスケースに視線を落とした。幅四十センチメートルほどのドラムに煤煙紙が巻かれ、その上に二本の描針が並んで立っている。その前に添えられた白いプレートには「萩原式変位地震計、一九三四年製作」と記されていた。

萩原とは、かつて今村明恒教授から直接指導を受けた地震学者、萩原尊禮である。地震学教室（のち地震学科）の学生だった萩原は、当時数少ない就職先であった気象台の岡田武松台長と地震研究所の末広恭二初代所長が、地震学教室の卒業生は採用しないと公言しているのを知り、やむなく就職を断念したことを自著『地震予知と災害』のなかで吐露していることはすでに述べた（本書一七四頁参照）。

就職を断念した萩原は、大学院に進んだが、昭和七年（一九三二）、末広恭二東京帝国大学地震研究所初代所長が病気により急逝すると、その翌年の昭和八年（一九三三）に東京帝国大学地震研究所に入所する。その後萩原は、助手、助教授を経て、昭和十九年に教授に就任。さらに昭和四十年には東京大学地震研究所長になった。その萩原が、地震研究所に入所した翌年（一九三四）の、助手時代に作製したのがこの萩原式変位地震計だ。

左の描針の手前に置かれたプレートに「W－E」、右には「N－S」と記されているので、左の描針は東西の揺れ、右の描針は南北の揺れを描出したのだろう。それによって、地震の水平方向二成分（東西方向と南北方向）の変位（揺れの大きさ）を詳細に記録したはずだ。

「大森式地震計は、この奥の別室に展示しています。その前に、ここには多くの地震計を陳列していますのでご覧ください」。

私は桑原さんに会釈をすると、地震計の一つ一つを見学した。するとすぐに、私が目当てにしていた二つの地震計がないことに気が付いた。「ミルン式水平振子地震計と今村式地震計が見当たりませんが」と尋ねると、「二つとも国立科学博物館に寄贈し、今は上野の日本館で展示公開されています」と桑原さんは答えた。

世界で最初の地震学会を創始し大森房吉の恩師であるジョン・ミルンについては、すでに多くの頁を割いて紹介した。ミルン式水平振子地震計は、そのミルンが英国に帰国する直前の明治二十七年（一八九四）頃に作製した地震計だ。木製の振子から長く伸びた棹の先にスリットがつけてあり、暗箱にはこれに直交するスリットがついている。その二つのスリットの交点を通る光の動きを印画紙に記録するというもので、現在重要文化財に指定されている。

また、今村式地震計はすでに述べた通り、地震学教室で関東大地震の全容を唯一捉えることに成功した地震計として有名だ。関東大地震が起きる十二年前の明治四十四年（一九一一）に今村明恒が製作した低倍率の地震計で、地震の水平動と上下動を二倍に拡大して煤煙紙に記録する。

「では、大森式地震計にご案内しましょう」。桑原さんの言葉をきっかけに通路を進むと、地震計博物館の奥にもうひとつ大きな部屋があった。桑原さんは扉を開くと、私を部屋のなかに促した。

部屋に入ると、黒く大きな地震計が立ちはだかり、その圧倒的な存在感に私は茫然と佇立した。高さ一メートルのコンクリートの台座の上に高さ一・二メートルの二本の鉄の支柱が立ち、来る者を威圧する。二本の支柱から水平振子が東西と南北の二方向に伸び、その先端に取り付けられた描針が、ドラムの上の煤煙紙に僅かに接して立っている。しばらくすると、微かにジージーというなにかが擦れるような音が聞こえてきた。

私は足下に目をやると、ドラムがゆっくりと回転していることに気が付いた。描針の先を見詰めると、描針は煤煙紙におよそ数十ミクロンの太さの細い線で身体には感じない僅かな地震の揺れを時々刻々と伝えていた。

「この地震計は平成二十三年三月十一日の東日本大地震のときも観測をおこない、地震波を記録しています」。桑原さんの言葉を聞きながら、私は地震計の前に添えられたプレートを確認した。

地震計博物館の正面奥の別室で、今も動きつづける大森式地震計

やはりそこには「大森式長周期地震計、使用開始一八九八年頃」と記されていた。

百二十年以上前（明治三十一年）に大森房吉が製作して以来、地震学教室で使われつづけた大森式地震計は、大森の死後も同じ大学構内の地下室で人知れずジージーと微かな音を立てながら、片時も休むことなく動きつづけていた。漆黒の煤煙紙の上に立つ描針から紡ぎ出される髪の毛ほどの白く伸びた線を目で追っていると、次第にその波形は大森房吉の鼓動の軌跡を描き出しているように思われてくるのだった。

第六章　関東大震災の真実

次に起るべき大地震はここですよ

幾重にも複雑に折り重なった地震学の歴史の地層を一枚ずつ剝がし、真実を浮き彫りにする作業は、決して容易なことではないことははじめる前からわかっていた。しかし、調べていくうちに次第にそれが、いかに無謀な考えだったかを身をもって理解した。

その日も私は、国立国会図書館を訪れた。この頃私は、オーストラリアに向かう前に、大森房吉が何の研究を進めていたのかを知りたいという衝動に駆られていた。大森が死ぬ前に取り組んだ研究課題は何だったのか。特定できないとしても何かのヒントとなるものがどこかに落ちてはいないかと、当てもなく新聞記事に目を走らせていた。

そのとき、私の目は紙面に釘付けになり、思わず息を呑んだ。それは、終戦から八年後の昭和二十八年（一九五三）九月一日付けの『朝日新聞』の朝刊だった。その第六面の学芸欄に「関東震災と大森博士」と題された寄稿記事が小さく掲載され、題名につづいて「大島正満」と寄稿者の名があった。

大島正満《おおしままさみつ》は、大森より十七歳年下で、明治四十一年に東京帝国大学理科大学動物学科を卒業し、大正八年に「サラマオマス（サクラマスの亜種）」を命名したことで知られる著名な生物学者（理学博士）だ。彼は、第二回汎太平洋学術会議に参加する科学者に抜擢され、大正十二年七月、日本団の一員として櫻井錠二団長ならびに大森房吉副団長らとともに客船〝吉野丸〟に乗船した人物である。その大島は、オーストラリアに向かう航海中、大森から地震に関する話を聞く機会に恵まれたという。そして関東大震災から三十年目に当たるこの日（昭和二十八年九月一日）の新聞で、大島は長い沈黙を破って大森との会話を告白したのである。

関東震災と大森博士　　大島正満

大正十二年七月半ば桜井錠二博士を団長と仰ぎ、わが国地震学の育ての親、大森房吉博士を副団長とした選りぬきの科学者十名の一団が、オーストラリアで開催される第二回汎太平洋科学会議に参列を命じられ、郵船吉野丸の客となって一路南の国へと旅立った。航海中の大森博士は終日黙黙として読書にふけり、謹厳そのものの如くであったが、その間地震に関する興味ある所説を拝聴する機会が多かった。相模湾焼津付近に強震のあった際、多数の太刀魚が震死した話やキジが地震を予知する話など非常に面白かったが、ある日地図を開いて日本の地震地帯を詳説された後「次に起るべき大地震はここですよ」といわれて東京湾のあたりを指さされた。その際「その御考えは既に御発表になられたのですか」と御尋ねしたら、「私が左様なことを発表しては人心を動揺させる恐れがあるから、いよいよ確実だという信念を得るまでは公表致しません」と功を急がぬ博士は静かに答えられた。

シドニー滞在中関東大震火災の飛電に接して驚いたわれわれは、早速博士の旅舎を訪ずれてその予言の的中したことに敬意を表したら「大震は予察した通りの地点に起りましたが、時期に誤算がありました。私は少くとも六十年後であろうと考えていました」と答えられた。
博士は船中から健康が思わしくないようであったがメルボルンでの会議中病状は次第に険悪になった。見るに見かねたわれわれが即時帰国をお勧めしたが、この道の大立者として崇敬の的であった博士は責任観念が強くて、ガンとして勧告に応ぜず、そのままシドニーでの会議に臨まれたが、その際はスープ以外は何ものもノドを通らない状態に陥っていた。故国に大震災の起った九月一日正午博士はシドニー湾頭に立てるリヴァービュー天文台に招かれ病気を押して昼食会に列席されたがその際台長は新たにドイツから購入した地震計を見てくれといって博士を観測室に導いた。大森博士が新しい地震計の前に立たれたとたんに示針が大きくゆれ出した。「ホホウ大地震ですぞ」といって博士は観測の手をゆるめず、すぐさま震源地を探ったらそれが予想の東京湾頭であった。事はまことに偶然であるが病あつき大森博士は、一千マイルを隔てた南十字星の国で確実に関東大震を観測しておられた。博士の立たれた場所にそのクツ跡を記し、当時のグラフを額に収めて記念として観測室に掲げているリヴァービュー天文台、満三十年を経ても大地震学者の面影はとつ国の人々の心に大きな光を投じていることであろう。（生物学者、理博）
（『朝日新聞』昭和二十八年九月一日「学界余滴」）

右の記事で大島正満は、〃ある日地図を開いて日本の地震地帯を詳説された後「次に起るべき大地震はここですよ」といわれて東京湾のあたりを指さされた。〃と大森の言動を証言する。
記事を読んで私は大きな衝撃を受けた。なぜならば、このとき大島は、関東大震火災の飛電に接

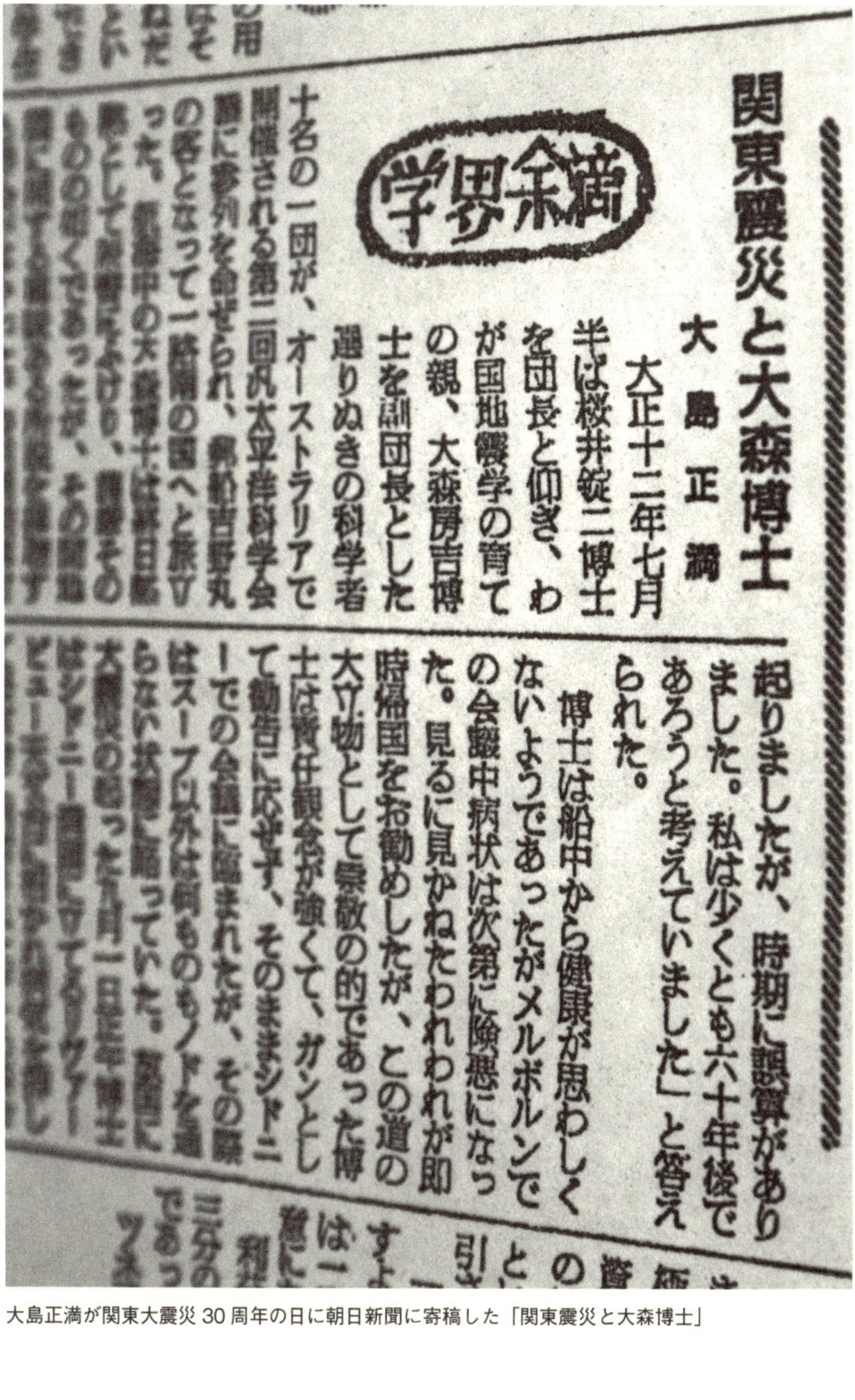

関東震災と大森博士

大島正満

学界余滴

大正十二年七月半ば桜井錠二博士を団長と仰ぎ、わが国地震学の育ての親、大森房吉博士を副団長とした選りぬきの科学者十名の一団が、オーストラリアで開催される第二回汎太平洋科学会議に参列を命ぜられ、郵船吉野丸の客となって一時間の国へと旅立った。

起りましたが、時期に誤算がありました。私は少くとも六十年後であろうと考えていました」と答えられた。

博士は船中から健康が思わしくないようであったがメルボルンでの会議中病状は次第に険悪になった。見るに見かねたわれわれが即時帰国をお勧めしたが、この道の大立物として崇敬の的であった博士は責任観念が強くて、ガンとして勧告に応ぜず、そのままシドニーでの会議に臨まれたが、その際はスープ以外は何ものもノドを通らない状態に陥っていた。

大島正満が関東大震災 30 周年の日に朝日新聞に寄稿した「関東震災と大森博士」

し、大森の予言が的中したといっていることから、大森が「次に起るべき大地震はここですよ」といって指さした場所は東京湾の湾頭、つまり相模湾一帯をさしているのは明らかだ。すなわち東京湾頭の相模湾一帯を震源域とする大震地震とは、関東大地震にほかならない。

また大島は、〝「その御考えは既に御発表になられたのですか」と御尋ねしたら、「私が左様なことを発表しては人心を動揺させる恐れがあるから、いよいよ確実だという信念を得るまでは公表致しません」と功を急がぬ博士は静かに答えられた。〟と大森の言葉を紹介している。

さらに大島は、〝シドニー滞在中関東大震火災の飛電に接して驚いたわれわれは、早速博士の旅舎を訪ずれてその予言の的中したことに敬意を表したら「大震は予察した通りの地点に起りましたが、時期に誤算がありました。私は少なくとも六十年後であろうと考えていました」と答えられた。〟と述懐する。

大島の証言によれば、大森が「次に起るべき大地震はここですよ」といったのは、オーストラリアに向かう航海中の大正十二年七月半ばだという。だとすれば、大森は関東大地震が起る少なくとも一カ月半前には次に起る大地震（関東大地震）を予知し、しかもその震源域が東京湾頭の相模湾一帯であると特定していたことになる。

しかし、本当に大森は、関東大地震が東京湾頭の相模湾一帯で起ることを予知していたのだろうか。そして、そのことを大森は、人心の動揺を恐れて本当にどこにも公表しなかったのだろうか。

仮に、このときすでに大森が関東大地震を予知していたとすれば、その研究がたとえ途中であったとしても、科学者であるならばそのことをなんらかの形で発表しているに違いない。そう確信した私は、すぐさま自宅のパソコンから東京大学地震研究所図書室のウェブサイトにアクセスした。

大森房吉が主要論文の発表の場とした『震災予防調査会報告』は、大森が助手の時代に震災予防調査会の委員として末席に名を連ねた第一号から亡くなる前の第九十九号まで、分冊を含めると総計百四冊におよぶ。この間『震災予防調査会報告』に掲載されたすべての署名論文の合計五百二十一本のうち、大森が著した論文は二百三十本に上る。私はそのすべての論文に目を通した。が、それらしい論文を見付けることはついにできなかった。

しかしその過程で、私は大森が過去に地震予知に成功したことがあることを知った。それは、『震災予防調査会報告　五十七号』（明治四十年二月十五日発行）所載の「世界各地に於ける近年の大地震に就きて」と題する大森の論稿のなかに記されていた。

そこには、一九〇六年（明治三十九）四月十八日に米国サンフランシスコで大地震（サンフランシスコ地震）が起きた際、大森がサンフランシスコに入り、廃墟と化した市街で調査に当たったことが書かれていた。このとき大森は、再び大地震が来るのではないかと震恐するサンフランシスコ市民に向かって、「今後二三十年間は激震に襲はるゝこと無かるべき、今後の震災は赤道の南方、ペルー及びチリにあるべしと想像さる」（『震災予防調査会報告　五十七号』二十四頁）と述べ、そのコメントはサンフランシスコの地元紙に掲載された。

さらに大森は、「明治三十九年八月四日汽船にてサンフランシスコを出発して帰朝の途に就き、同月二十二日、横浜に着きて始めてチリ大地震の報道に接し、余の想像の誤らざりしを見たり」（前出）と、チリ大地震を予知したことを記していたのである。

サンフランシスコで大森が新聞にどんなコメントを寄せ、それがどのように報じられたのか。私はその経緯を知りたいと思い、米国議会図書館（Library of Congress）が運営管理する「米国紙検索サイト（Search America's historic newspape）」（http://chroniclingamerica.loc.gov）にアクセスした。

大森の論稿には、明治三十九年（一九〇六）八月四日にサンフランシスコを発って帰国の途に就いたとある。そのため、大森のコメントがサンフランシスコの地元紙に掲載されるとすれば、八月四日以降ということになる。私は一九〇六年八月四日以降に発行された地元紙の紙面を順に目で追った。すると、大森がサンフランシスコを発った翌日の八月五日のサンフランシスコの地元紙『サンフランシスコ・コール（The San Francisco Call）』紙の日曜版に、大森の顔が大きく切り抜きで掲げられている紙面を見付けたのだ。

紙面の最上段に「World's Greatest Seismologist Says San Francisco Is Safe.（世界随一の地震学者が太鼓判、サンフランシスコは安全）」の見出しが踊り、記事は「今回の大地震が起きたことによって、今後少なくとも二三十年は大地震の心配はありません」とする大森のコメントを伝えている。そのうえで、「次にアメリカ西海岸沿いで大地震が起るとすれば、ペルーもしくはチリ沖でしょう」と、大森の見解を紹介した。

大森のコメントが『サンフランシスコ・コール』紙で大きく報道されるとサンフランシスコ市民は平静を取り戻した。一方、当の大森は、八十日間の現地調査を終えて、『サンフランシスコ・コール』紙にコメントが載る前日の八月四日、サンフランシスコを発ち帰途に就いた。大森を乗せた船が太平洋を航行中の八月十七日、チリ沖のペルー・チリ海溝を震源とするマグニチュード八・六

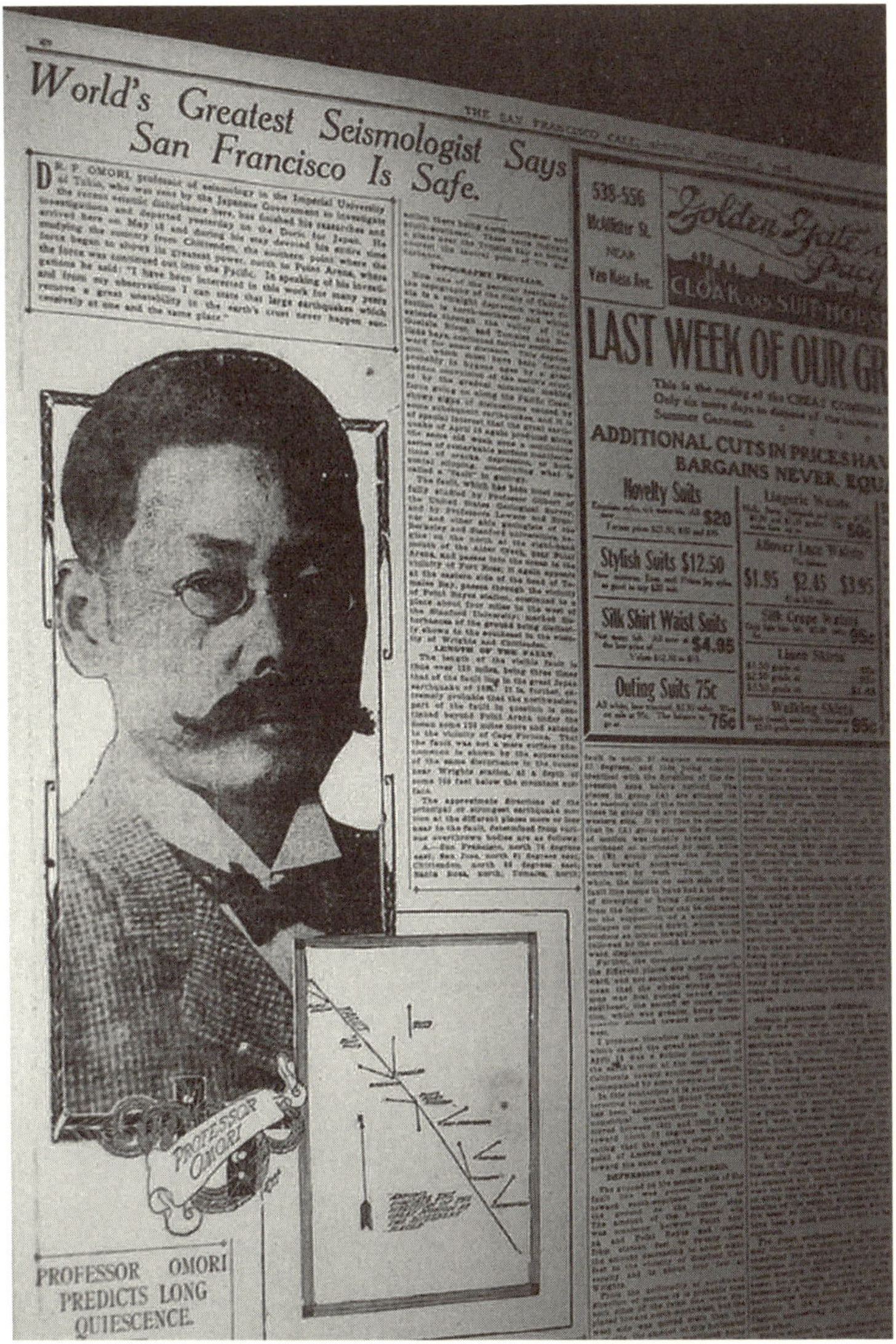

大森房吉のコメントを大きく報じる『サンフランシスコ・コール』紙の閲覧画面

の大地震が発生し、チリに約四千人もの犠牲者を出した。そのことを大森は八月二十二日に横浜に着いてはじめて知る。そしてサンフランシスコ市民は、チリ沖地震を見事的中させた大森に驚いたのである。

ところで、このとき大森はなぜ「次に大地震が起るとすればペルーもしくはチリ沖でしょう」といったのだろうか。それがわかれば、大森が東京湾頭を地図で指して「次に起るべき大地震はここですよ」といった理由もわかるかもしれない。大森はチリ沖地震が起ることをどのような考えによって導き引き出したのか。その考えは、じつは先述の「世界各地に於ける近年の大地震に就きて」（『震災予防調査会報告　五十七号』一九〇七年二月十五日発行）と題する大森の論稿に示されていた。

その論稿は、大森がサンフランシスコ地震の踏査に赴いた際、『サンフランシスコ・コール』紙に答えた際の回顧録として書かれ、そのとき大森は、今後少なくとも二三十年は大地震の心配はなく、次に大地震が起るとすれば、ペルーもしくはチリ沖、と答えた理由を四頁にわたって詳しく示していた。その論旨を要約するとこうである。

アメリカ大陸西海岸は世界的な巨大地震帯で、北はアラスカ西南沖にはじまり、サンフランシスコ、メキシコ・グァテマラ、コロンビア・エクアドル西沖などを経由し、ペルー・チリ西沖に至っている。このアメリカ大陸西海岸地震帯沿いのアラスカ西南沖からペルー・チリ西沖に至る五つの地域は、いずれも北米ロッキー山脈や南米アンデス山脈の造山運動によって繰り返し大地震が起きてきた地域である。

このうちアラスカ西南沖周辺では、一八九九年九月四日と同十一日と一九〇〇年十月九日の計三回、大地震が起きている。つづいてメキシコ・グァテマラ周辺では一九〇〇年一月二十日と一九〇二年四月十九日と同二十三日の同じく三回、大地震が起きている。また、コロンビア・エクアドル西沖周辺では、一九〇六年二月一日に大地震が起き、大きな被害を出した。

しかし、北米ではサンフランシスコ付近がまだ大地震が一度も起きていない地震空白域であったため、早晩大地震が起ると予想していたところ、一九〇六年四月十八日にサンフランシスコに大地震が起きた。今回のサンフランシスコ地震によって、これまで蓄えられてきた地震エネルギーのほとんどが放出されたと見られたため、今後少なくとも二三十年はサンフランシスコには大地震が起きないと考えられた。

これらの活動によって北米の地震活動は当面静穏期に入ったと予測され、次に大地震が起るとすれば、それは十九世紀末から一度も大地震が起きていない地震空白域のペルー・チリ西沖周辺だろうと心配していたところ、一九〇六年八月十七日にチリ沖を震源とする大地震が起きた、と大森は解説する。

こうして大森の論稿をつぶさに読んでいくと、大森がいくつかの概念や理論を組み合わせて、地震予知の方法を模索し、確立しようとしていたことがわかる。

大森は『サンフランシスコ・コール』紙で安全宣言を出し、「次に大地震が起るとすれば、ペルーもしくはチリ沖でしょう」と警戒を呼びかけた。その根拠となったのは、第一に、「地震帯」という地震が多発する地域が存在すること、第二に、「地震周期」というその地域に特有の大地震が起る一定の周期があること、第三に、「地震空白域」という地震がないまま長期間が経過すると次の地震の危険領域に至ることの三つである。

大森が創案した「地震帯」「地震周期」「地震空白域」の三つの概念は、日本のような大地震が起きやすい地域にはいつかかならず大地震が起きることを意味している。そのため大森は、これらの概念をもとに関東周辺に今後起るだろう大地震の予知に向けて研究に専心したと想像できるのだ。

関東大地震が起る一カ月以上も前に大森がいったとされる「次に起るべき大地震はここですよ」という言葉。私はその大島の証言を何度も読み直しているうちに、大森が「次に起るべき大地震はここですよ」といって東京湾湾頭の相模湾を指さす光景が、頭のなかで何度も繰り返し再生され、いつの間にか頭から離れなくなっていた。

大森はなぜ「次に起るべき大地震はここですよ」といい、次に起るべき大地震は東京湾湾頭の相模湾一帯が震源域であることを、地震予知の研究の過程でどのように知り得たのだろうか。大森が秘密裏におこなった地震予知に関する研究の足跡を追って、私はその日も国立国会図書館を訪れた。

まず私は、大森と大島が乗船した郵船吉野丸を調べてみた。するとすぐに郵船吉野丸とは、日本郵船の大型貨客船〝吉野丸〟（八九九〇トン、速力一三ノット）で、大正十二年（一九二三）七月十日午後三時に横浜港の鉄桟橋（現在の大さん橋）を出航していることがわかった。

大森が地震予知の研究を極秘裡に進め、その研究過程で次に起るべき大地震（関東大地震）の震源域を特定していて、しかも、その研究成果をなんらかの形で発表していたとすれば、その媒体は大森が横浜港を発つ大正十二年（一九二三）七月以前から数年の間に発行されているはずである。またその場合、大森が論文発表に選んだ媒体は、『太陽』などの一般向け総合雑誌ではなく、一般には目に付き難いより専門性の高い学術誌である可能性が高いだろうと目星を付けた。そうして私は、国立国会図書館の資料の山に分け入り、大正中期の学術誌と格闘した。

それから何日かが過ぎたとき、ある雑誌の目次の一行目にふと目が留まった。執筆者の覧に「理学博士、大森房吉」とあったのだ。もしやと思って、標題を見ると、そこには「本邦各方面に起るべき今後の地震――其一、東京及関東地方」と記されていた。ついに探し当てた！　という感慨が込み上げてきた。

大森は東京社が発行する学術誌『学芸』に「本邦各方面に起るべき今後の地震」と題する論文を三回に分けて連載した。その連載第一回目を「本邦各方面に起るべき今後の地震――其一、東京及関東地方」として『学芸』大正十一年五月号に発表した。つづいて第二回目を「本邦各方面に起るべき今後の地震――其二、東京及関東地方（続き）」として同誌大正十一年六月号に、さらに第三回目を「本邦各方面に起るべき今後の地震――其三、箱根、小田原、日光等の地方」として同誌大正十一年七月号にそれぞれ発表したのである。

大正十一年五月号の連載第一回目は、大正十年十二月八日の強震によって東京市が断水したという書き出しではじまっている。『理科年表　平成三十年・第九十一冊』で確認すると、確かに大正十年十二月八日に千葉県との県境に近い茨城県龍ヶ崎を震源としてマグニチュード七・〇の地震があり、家屋の破損や道路の亀裂があったことが、七五六頁に記載されている。大森はこの地震で東京市民が大きな不安を抱いたことを憂慮し、この論稿を記したと述べている。

そのうえで大森は、過去に起きた歴史的な大地震を概説する。そして、関東地域で近年観測された地震の震源を地図に示し、地震が頻発する地域とそうでない地域があることを説明する。

なお、連載の各回の末尾に「未完」の文字があり、さらに連載三回目の最終回の末尾にも、「未完」とある。それは今後も随時新しい観測情報を追加し、東京および関東で次に起るべき大地震に備え、より多くのデータを解析して将来の地震予知につなげたいという大森の強い意志の表れと思われる。

大森が最後に書き残したこの論稿を、私は何度も読み返した。左記は、関東大地震の前年の大正十一年五月に発表した「本邦各方面に起るべき今後の地震――其一、東京及関東地方」（『学芸　第三十九巻第五冊第四百八十八号』東京社、二〜一三頁）の原文の手抄である。


本邦各方面に起るべき今後の地震　――其一、東京及關東地方　理學博士　大森房吉

一、緒言　昨大正十年十二月八日の強震に際し、東京府下幡ケ谷に於て玉川上水新水路に故障を生じた結果、遂に数日間に亘り東京市の給水を斷絶するの止む無きに至つたので、世人をして、地震の破壊的作用の如何に寒心すべきものなるかを聊か覺らしめた。地震が今一層強かりしならんには、水道鐵管、瓦斯管、電燈線、鐵道等にも多大の損害を與へたであろう。故に此の機會を以て本邦各方面に於ける今後の地震に關して、あらまし述べて見ようと思ふ。
〈中略〉
六、江戸の地震　慶長以後江戸に於ける多少破壊的の地震は十四回あり、左の如し。
（一）元和元年六月一日（西暦一六一五年六月廿六日）正午頃江戸地震し舎屋倒れ死傷多し。

（二）寛永五年七月十一日（西暦一六二八年八月十日）正午頃地震あり、城壁崩る。
（三）同七年六月廿三日（西暦一六三〇年八月一日）夜半地震あり、西丸門口石垣少しく崩る。
（四）同十二年一月廿三日（西暦一六三五年三月十二日）午後一時江戸地震、増上寺石燈篭倒る。
（五）正保四年五月十四日（西暦一六四七年六月十六日）午前五時武藏相模兩國地震し、江戸城々壁及び馬入川渡船場等破壊し東叡山金造大佛の頭搖り落つ。
（六）慶安二年六月廿日（西暦一六四九年七月廿九日）午前二時地震、江戸城石壁及び緒大名の邸第以下多く損じ東叡山大佛の頭落つ、日光東照宮の瑞籬所夕崩る。
（七）同年七月廿五日（西暦一六四九年九月一日）午後一時地震、江戸城平川口腰掛等破損し、川崎驛の人家百軒潰る。
（八）元祿十年十月十二日（西暦一六九七年十一月廿五日）午後一時相模武藏地震、鎌倉鶴岡八幡宮の堂社華表及び民家傾倒し、江戸城平川口梅林堤東門の石壁も崩る。
（九）同十六年十一月廿三日（西暦一七〇三年十二月三十一日）午前二時關東大地震。
（一〇）寶永三年九月十五日（西暦一七〇六年十月廿一日）夜十一時地震、城壁を損ず。
（一一）天明二年七月十四日（西暦一七八二年八月廿二日）午前二時江戸城震民家倒る、相模の國最も烈し。
（一二）文化九年十一月四日（西暦一八一二年十二月七日）午後三地震し神奈川程ケ谷品川等殊に甚く、倒れ家、怪我人あり。
（一三）安政二年十月二日（西暦一八五五年十一月十一日）午後十時江戸大地震。

（一四）明治廿七年六月廿日（西暦一八九四年）午後二時四分十秒の地震。

上記十四回の地震中最も激しかつたのは（一三）安政大地震で、之に次では（九）元祿地震である。他の十二回は何れも此等よりは遥に弱かつたが、東京（江戸）上野の大佛の頭は（五）正保四年及び（六）慶安二年兩回地震に搖り落とされた。何人であつたか「御釋迦のみぐし（御頸）は前えねはんぞう、是ぞ誠の自身成佛」とものした。而して（一三）安政大地震、及び（二）、（三）、（四）、（六）、（七）、（一〇）、（一四）の八回地震の震原は陸地内にあり、（九）、元祿地震及び（五）、（八）、（一一）の四回地震の震原は海底に存した。又元和元年から明治二十七年迄の二百七十九年間に起つた十四回激震より單に平均すれば、約二十年毎に一回の割となる。但し慶安二年の如きは二回あり、之に反して寳永三年より天明二年迄七十六年間は一回の激震も無かつた。

七、元祿十六年の江戸小田原地震　十一月二十三日武藏、相模、安房、上總の緒國地大に震ひ、江戸小田原被害甚し、續て海嘯暴溢し、小田原、鎌倉、安房の長狹、朝夷兩郡、上總の夷隅郡及び大島八丈島等其災を被る。江戸では處々の櫓崩れ落ち、數寄屋橋、雉子橋、和田倉、馬場先、日比谷、内櫻田等の見附崩れ死傷者あり、大小名の邸宅並に町屋の崩壞夥しく、震後數ケ所より火を發した。小田原では地震と共に十二ケ所より火災起り、町家四百八十四軒を燒き、天主本丸残らず類燒す。震死者は城内城下にて八百四十七名あり、小田原領を總計すれば、潰家八千七軒、内五百六十三軒燒失、死者二千二百九十一人に達し、又震災地全般を通じて潰家約二萬百六十二軒、死者約五千二百三十三人に及んだ。

〈中略〉

一一、關東方面震原點の分布　安政二年の江戸大地震は江戸直下より發起し、安政以後最も強かつた明治廿七年の地震も武藏平原に属するものだが、今大正三年一月より同十年十二月まで最近八個年間に於て頻繁に東京を震動せる有感の主要地震数は左の通りである。

大正三年	十九回
同　四年	四十九回
同　五年	二十四回
同　六年	三十四回
同　七年	二十五回
同　八年	二十四回
同　九年	十二回
同　十年	十二回

即ち合計百九十九回に達して居る。微動計観測によりて此等の地震に就き一々其の震原位置を推定した結果を第二圖に示す（東北遠海中及び東南海中の分數個は圖の外となる）。震原の配置を通覧するに主として、（一）房總半島方面、（二）筑波山霞浦方面、（三）箱根、足柄、相模洋方面、（四）東北海中の四區域に限られ、武藏原野、東京灣等東京直接の低窪地域から殆ど全然發震を見なかつた。即ち目下は東京直接附近の低窪地區は平穏の狀況にあり、東京より十五六里乃至二十里を距だつる周圍の山岳地域（一）（二）（三）に於ては活動特に盛なるも、此等三區域は大地

震の起原となることは無いと思はるゝから、此の種の地震は如何に多く發生するとも、格別心配するには及ばないであろう。

之に反して數年乃至數十年を經て周圍の地域が平穏となたり、武藏平原東京灣中より活動を開始する時期となれば、東京附近に多少損害を與ふべき地震を發すること明治廿七年の如くなるべきも、目下直ちに此の時期に達すべしとは考えられぬ（後節參照）。而して激震が同一地點より繰り返へして發生することは無いから、安政二年江戸大地震の如く、東京直下より破壊的地震を發することは無いものと認めてよい。

作大正十年十二月八日の地震は前記（二）の區域に屬し、其の南東隅より發起したものであるから、東京直接附近地域の活動ではなく、安政江戸大地震及び明治廿七年東京激震と全然系統を異にするものである。

一二、東京年々の地震回數　第三圖は明治九年乃至大正十年の四十六個年間に於ける東京年々の地震回數の變化を示す。東京中央気象臺に於て「パルミエリ」及び「グレー・ミルン」式普通地震計を以て観測した回數に依るもので、年々の地震回數に増減あるを見る、地震回數の多寡と強震の發生との關係は第（一三）節、即ち次號に記述するであろう。（未完）

（『學藝　第三十九巻第五册第四百八十八號』東京社、大正十一年五月一日發行）

右に記した論稿の「一一、関東方面震源点の分布」のなかで、大森は大正三年一月より同十年十二月までの最近の八年間の有感地震は合計百九十九回に達したと述べ、そのすべての地震の震源点を標した関東甲信越地域の白地図を本文中（同誌五頁）に大きく掲載した。地図の下には「関東地方に於ける震源点の分布図――各●は東京にて感覚ありたる地震源の位置を示す」のキャプションが添えられており、地図に標された百九十九個の震源点の密度は、東京を取り巻くように房総半島沿岸域、利根川流域、相模湾沿岸域、東北太平洋沿岸域の四つの地震帯の存在を表していた。

じつは、それとほぼ同様の地図を大森は以前発表したことがある。それは、この二年前に『震災予防調査会報告　第八十八号―丙』（震災予防調査会、大正九年三月三十一日発行）で発表した「東京将来の震災に就きて」の記事の最後の頁に掲載された地図「東京附近震源点の分布」だ。

両者の地図を見比べてみると、いったいどこが異なるのか、その違いがすぐにはわからないほどよく似ている。しかし注意深く見ると、二年前の地図には「大正三年一月より八年十二月まで」の但し書きが添えられていたのに対して、今回の地図には「大正三年一月より同十年十二月に至る」と記されている。

大森は「東京将来の震災に就きて」の論文を発表したのちも、関東周辺の地震予知に関する研究を地道につづけ、新たに得た研究成果を加えて、より詳しい研究報告を二年後の大正十一年に三回に分けて発表したのだ。

また、大正九年に『震災予防調査会報告』で発表した「東京将来の震災に就きて」の論稿の一文に「今又大正三年一月より同八年十二月迄で最近六個年間に於て頻繁に東京を震動せる有感の主要地震数は合計百七十五回に達せり」とあるのに対して、今回の『学芸』で発表した「本邦各方面に起るべき今後の地震」の論稿には「合計百九十九回に達して居る」とあることから、今回の震源点の分布図には、直近の二年間に観測された有感地震の震源点が新たに二十四書き加えられていることがわかる。

すでに述べたように、今回の「本邦各方面に起るべき今後の地震」はこの二年前の「東京将来の震災に就きて」に似ている。それは、「東京将来の震災に就きて」を発表したのちも研究を継続させ、新たな観測データを加えてより正確で信頼性の高い研究成果を得るために根気よく進められていたからだ。そのため、その論旨も前回発表した「東京将来の震災に就きて」と大きく変わるところはない。

たとえば、「本邦各方面に起るべき今後の地震」で大森は、東京に将来大地震が起るとすれば、地震が頻発している房総半島沿岸域か、利根川流域か、相模湾沿岸域かの、三つの地震帯のいずれかで発生する可能性があることを指摘する。そのうえで「これら三区域は大地震の起原となることはないと思はるゝから、この種の地震は如何に多く発生するとも、格別心配するには及ばないであろう。」（同誌一二頁）と述べ、これら三区域は大地震の起原となることはないと考えられるので、たとえ多くの地震が発生しているからといって、格別心配するには及ばない、と結論づける。

しかし、なぜ、「これら三区域は大地震の起原となることはない」と考えられるのか。また、なぜ、「格別心配するには及ばない」といえるのか。その理由は一切述べられてはいない。大森はそれまでに、江戸期に起きた十四回の大地震を列挙し、そのひとつとして「七、元禄十六年の江戸小田原地震」を取り上げ、「潰家約二万百六十二軒、死者約五千二百三十三人に及んだ」とその被害の大きさまで紹介している。そうしておきながら、なぜ、相模湾沿岸域を含めた三つの地震帯で発生する地震を格別心配する必要には及ばない、と断じたのだろうか。

それは、地震予知ができない以上、大地震が来ることを判ずることができなかったからか。それとも、東京帝国大学地震学主任教授としての責任感から、より正確な地震情報の提供に向けて慎重な対応に努めたためなのか。いずれであったにせよ、東京大地震襲来騒動によって混乱する東京市民を鎮静しようとするあまり、「格別心配するには及ばない」と述べたとすれば、それが科学者として正しい言動であったか否か、大いに疑問が残るのである。

大森博士の幻の地震予知を追って

ここで、関東大地震の予知について振り返ってみたい。そもそも、関東大地震を予知できなかった無能な地震学者として嘲笑された大森房吉が、じつは関東大地震を予知していたことを私が知るきっかけは、先述したように、関東大震災から三十年目の昭和二十八年九月一日付けの新聞を目にしたことにあった。

そこには、関東大地震が起る一カ月半前、大森がオーストラリアに向かう船上で、大島正満に「次に起るべき大地震はここですよ」といって東京湾湾頭を指さしたことが、この年古希を迎えた大島が、関東大震災三十周年の記念の日に『朝日新聞』に寄せた手稿で述べられていた。

大島の証言が事実であり、大森が関東大地震を予知し、しかもその震源域を正確に特定していたとすれば、大森はそのことをどのような方法によって知ったのか、そこに至る考えや理論を知りたいと思い、私は大森の論文や当時の新聞記事を当たった。

そして私は『サンフランシスコ・コール』紙の記事によって、大森が過去に大地震の予知に成功したことを知った。一九〇六年にサンフランシスコ地震の調査に訪れた際、大森は「今後少なくとも二三十年は大地震の心配はありません。次に大地震が起るとすれば、ペルーもしくはチリ沖でしょう」と発言したことが同紙一九〇六年八月五日付けに報じられ、その十二日後の八月十七日、大森の予告どおりチリ沖地震が発生した。

ところで、「次に起るべき大地震はここですよ」といって大森が東京湾湾頭を指さしたという『朝日新聞』に寄せた大島正満の証言と、「次に大地震が起るとすれば、ペルーもしくはチリ沖でしょう」という『サンフランシスコ・コール』紙が報じた大森のコメントはとてもよく似ている。大島がいうように、関東大地震が起る少なくとも一カ月半前に、大森は関東大地震を予知していたとすれば、そこには、以前大森がチリ沖地震を的中させたときと同様の考えや理論があったのではないだろうか。

私は再び、大森がオーストラリアに旅立つ前に発表した「本邦各方面に起るべき今後の地震」を取り出し、白地図に示されている「関東地方に於ける震源点の分布図（大正三年一月から大正十年十二月まで）」と向き合った。

はじめに私は、大森がいう地震帯の存在を確認することを試みた。東北地域の一部を含む関東甲信越地域の白地図一面に、全部で百九十九個の震源点が標され、黒々とした震源点を取り囲むように、四つの地震帯がわかりやすく斜線の帯で表されている。私は斜線で表された四つの地震帯のなかに標されたすべての震源点の数を数えてみた。すると、百九十九ポイントの震源点のうち百四十三ポイントが地震帯のなかにあり、東北地域の一部を含む関東甲信越地域で起きたすべての有感地震のうち、七割以上の地震が地震帯のなかで起きていることがわかった。

さらに私は、二年前に大森が発表した「東京附近震源点の分布（大正三年一月から大正八年十二月まで）」も同様に、地震帯のなかに標されたすべての震源点の数を数えた。すると、合計百七十五ポイントの震源点のうち百二十六ポイントが地震帯のなかにあり、同じく七割以上の地震が地震帯のなかで起きており、いずれも地震帯のなかに地震の震源が密集していることを裏付ける結果となった。

次に私は大森がいう地震空白域について考えてみた。大森は、地震が繰り返し起る地域で、長期間地震がない場合を地震空白域と呼び、次の大地震が近づきつつある徴候と考えた。そうして大森は、その地震空白域の考え方に基づいて一九〇六年のペリー沖地震を的中させている。

私は大森のいう地震空白域を確認するため、四つの地震帯それぞれの震源点の数を数えた。「関東地方に於ける震源点の分布図」の四つの地震帯のなかに標された震源点の合計百四十三ポイントのうち、多い順に、房総半島沿岸域は五十五ポイント、利根川流域は四十八ポイント、東北太平洋沿岸域は三十ポイント、相模湾沿岸域は十ポイントを数えた。

次いで、二年前に大森が発表した「東京附近震源点の分布」の四つの地震帯それぞれの震源点の数を数えた。すると、四つの地震帯のなかに標された震源点の合計百二十六ポイントのうち、多い順に、房総半島沿岸域は四十七ポイント、利根川流域は四十三ポイント、東北太平洋沿岸域は二十七ポイント、相模湾沿岸域は九ポイントとなった。

これらのことから、大森の示した四つの地震帯のなかで、過去に地震回数がもっとも少ない相模湾沿岸域は、地震空白域であると推認することができる。つまり、地震が多発する地震帯のなかで近年地震が起きていない相模湾沿岸域は、関東地域でもっとも地震の危険性が高い地域と考えられるのだ。オーストラリアに向かう船中で、大森が「次に起るべき大地震はここですよ」といって東京湾湾頭を指さした理由がここにあったのではないか。

今村との論争からオーストラリアに向かうまでの約十七年の間に、大森は東京を取り囲むように関東地域に四つの地震帯があることを明らかにし、その過程で、相模湾沿岸域が地震空白域であることに気が付いたと思われる。だとすれば、大森の次の課題は、それがいつ起るかを突きとめることにあったはずだ。

大正十二年九月一日、関東大地震が発生した。シドニーでその報に接した大森は、「大震は予察した通りの地点に起りましたが、時期に誤算がありました。私は少なくとも六十年後であろうと考えていました」と大島に語っている。その場面を確認するため『朝日新聞』に掲載された大島正満の記事を再録しよう。

〈前略〉ある日地図を開いて日本の地震地帯を詳説された後「次に起るべき大地震はここですよ」といわれて東京湾のあたりを指さされた。その際「その御考えは既に御発表になられたのですか」と御尋ねしたら、「私が左様なことを発表しては人心を動揺させる恐れがあるから、いよいよ確実だという信念を得るまでは公表致しません」と功を急がぬ博士は静かに答えられた。

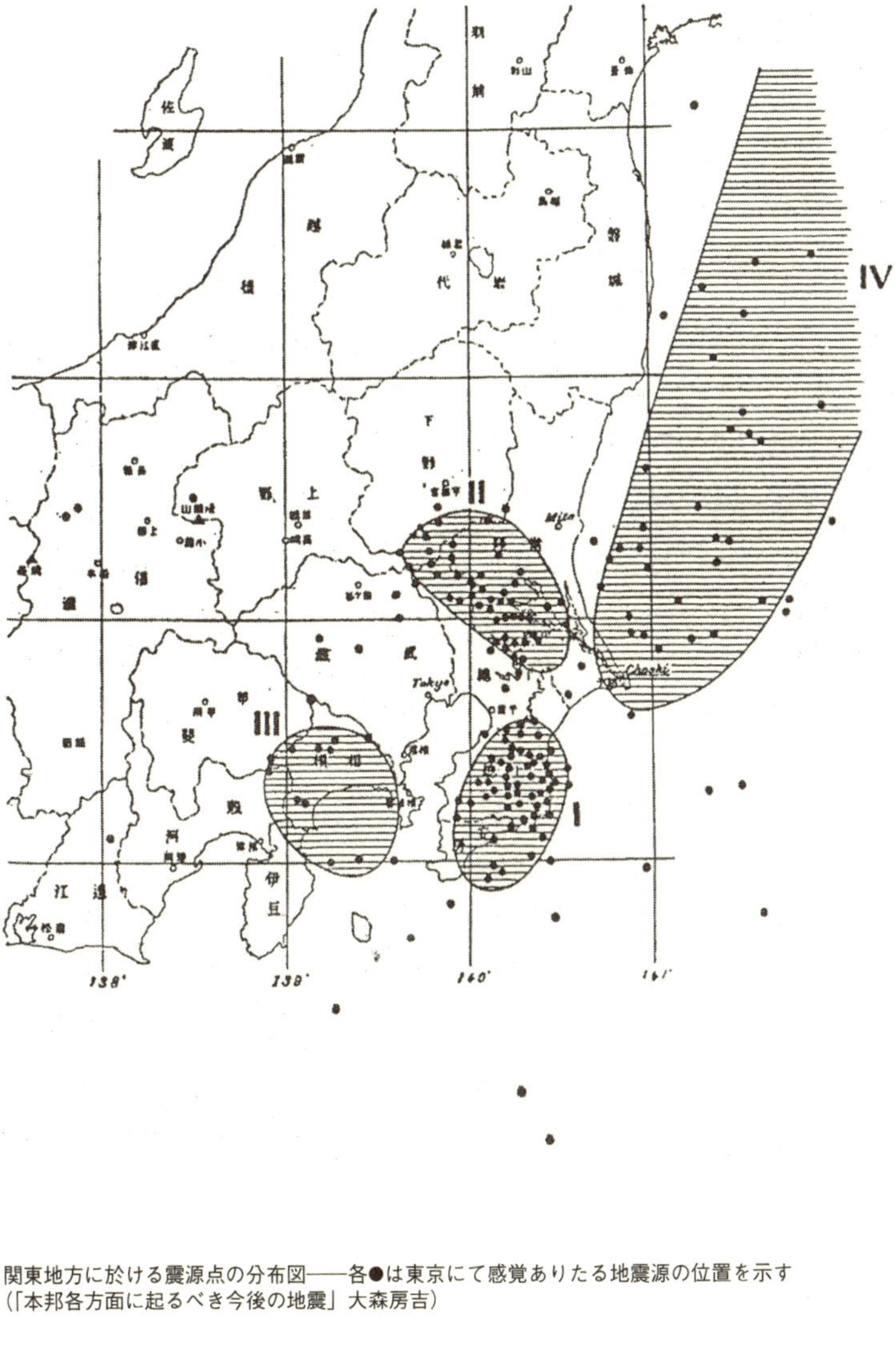

関東地方に於ける震源点の分布図——各●は東京にて感覚ありたる地震源の位置を示す
（「本邦各方面に起るべき今後の地震」大森房吉）

シドニー滞在中関東大震火災の飛電に接して驚いたわれわれは、早速博士の旅舎を訪ずれてその予言の的中したことに敬意を表したら「大震は予察した通りの地点に起りましたが、時期に誤算がありました。私は少くとも六十年後であろうと考えていました」と答えられた。

（「関東震災と大森博士」大島正満『朝日新聞』昭和二十八年九月一日）

私は相模湾沿岸域の地震周期を調べるために、机上の『理科年表』を引き寄せた。歴史を遡ると、大正十二年（一九二三）の大正関東地震（マグニチュード七・九）の前に、元禄十六年（一七〇三）の元禄関東地震（マグニチュード七・九～八・二）があり、それ以前には、永仁元年（一二九三）の永仁関東地震（マグニチュード約七・〇）があった。

永仁元年（一二九三）の永仁関東地震から元禄十六年（一七〇三）の元禄関東地震までの間隔は、ちょうど四百十年となる。それに対して、直近の元禄関東地震が起きた元禄十六年（一七〇三）から大正十二年（一九二三）までの間隔は、二百二十年しか経っていない。そのため大正十二年当時、大森は相模湾沿岸域の地震周期を四百十年を基準にして推定したと考えられ、次に起るべき大地震までには充分の時間的猶予があるこの間に、相模湾沿岸域を中心に地震予知の研究を腰を据えて進めようとしたと思われるのだ。

それにしても、なぜ大森は「（大震は）少なくとも六十年後であろうと考えていました」と大島に答えたのだろうか。

相模湾沿岸域を震源とする地震活動の周期が仮に四百十年だと想定すると、大正十二年（一九二三）の時点で、次の関東地震が起るまで、あと百九十年の猶予がある計算になる。もっとも、永仁元年（一二九三）の永仁関東地震と元禄十六年（一七〇三）の元禄関東地震との間隔が四百十年であっても、次の関東地震が起る時期が再びちょうど四百十年後になるとも思われず、地震発生間隔のばらつきを考慮して、次に起るべき地震の時期に余裕をもたせて準備を進めたはずだ。

大森のいう六十年後の根拠は不明だが、大正十二年当時、過去の前例から逆算して得られた猶予期間（百九十年後）よりもかなり早めに起ることを想定して「少なくとも六十年後」と答えたのではないかと想像できるのだ。

そして、次に起るべき関東大地震の予知の研究に本格的に取り組みはじめた矢先に、それは起きたのである。

「歴史的統計にたよりすぎたきらいがある」と批判された大森だが、今日、大森が発見した地震帯や地震周期や地震空白域などの概念や理論は、国の研究機関でおこなわれている長期的地震予測（地震発生確率）の大きなより所となっている。

たとえば、文部科学省の地震調査研究推進本部地震調査委員会は、「相模トラフ沿いの地震活動の長期評価・第二版」（平成二十六年四月）の調査報告のなかで、南関東地域でマグニチュード七クラスの大地震の発生確率を、「今後三十年以内に七十パーセント程度」とする評価結果を明らかにした。また、同委員会は、マグニチュード八クラスの南海トラフ大地震の発生確率を、「今後三十年以内に七十パーセント程度、五十年以内では九十パーセント程度」とする評価結果を発表した。

こうした地震発生確率の発表は、今日の地震学の知見では、統計による確率論的予測（probabilistic forecast）はできても、実用にたる決定論的予知（deterministic prediction）はできないことを意味している。東日本大震災が発生した翌年の平成二十四年十月、日本地震学会が、「地震予知は困難」とする会長声明を発表したのは、そうした現状に由来する。同時にそれは、今から百年以上も前に大森がおこなった研究から、今日の地震予知の研究が一歩も進展していないことの表れでもあった。

むろん、この百年の間に多くの大地震が次々に日本列島を襲い、私たちは震災の度に多くの辛酸を経験した。その度に多くの研究予算が投じられ、地震予知に向けたさまざまな研究がおこなわれてきた。そのなかから、地震の謎に迫る研究成果が生まれたことも決して少なくなかった。しかしこの間、地震予知の研究に関して、残念ながら特段の成果はなく、また、地震予知に成功した事例は一例もない。

大森がめざした地震予知がいまだに実現できずにいる事実を見るとき、大森が残した業績を批判するのは天を仰いで唾する行為に似ているようにも思われた。

地震学者の使命と責任

地震の巣の上の日本で暮らす者なら、みずからの存立を根底から揺るがすような大地震がいつかかならずやって来ることは誰もが知っている。

東京帝国大学地震学教室の今村明恒助教授は、近い将来かならず起る大地震に備えるよう警鐘を鳴らし、一方、大森房吉教授は、いたずらに人心を騒乱させる今村の言動を戒め、人々により正確な情報を提供することに努めた。

今村と大森の東京大地震襲来論争は、必ずしも二人の本意ではなかったように思われる。二人の論争は、真に科学的な理論の対立というよりも、むしろ操觚者が地震の恐怖をセンセーショナルに煽ったために生じた騒動に対して、それぞれに与えられた科学者（地震学者）としての社会的責任を果たしたにすぎなかったのかもしれない。

今村と大森の論争の二人の主張の違いを見るのではなく、二人がそれぞれに何のために議論を戦わせたのか、まさに命を賭して二人が果たそうとした地震学者としての使命《ミッション》と責任《オブリゲイション》の重さにこそ、私たちは眼を向ける必要があるのだろう。

近代地震学の礎を築き、地震学の父といわれた大森房吉は、地球内部の目に見えない震源と向き合うために、大森式地震計を発明し、地殻の内奥から伝達される地震波をより正確により詳細に捉えることに成功した。そして、膨大な地震観測データを多角的に検証し、そのなかにある法則性を次々と見出していった。

たとえば、余震回数の時間的推移を求める「余震の大森公式」や、初期微動継続時間から震源距離を求める「震源距離の大森公式」など、今日も広く用いられる地震学の基本原理の多くを築き上げた。

大森はこうした研究によって地震の謎を一つ一つ解明し、未知の地震の正体に着実に迫っていった。そして、地震予知という夢の実現をめざし、次に起るべき関東大地震を誰よりも正確に捉えていた。だが、その夢はついに叶わなかった。

関東大地震の発生によって大森の評価は一変し、大震災を予知できなかった無能な地震学者として巷間から嘲笑された。さらに、大森の死をきっかけにして、大森が牽引したこれまでの地震学のあり方に批判が寄せられた。また、大森の業績は地震学の歴史の地層深くに忘れ去られ、およそ百年もの間黙殺されてきた。そして今、世界に誇るべき地震学者・大森房吉の名を知る者はほとんどいない。

私は本著で、大森房吉とその時代に生きた地震にまつわる人々の言葉と行動を追い、当時の人の心の動きを検証しようと試みた。取材によって何が出てくるかわからないまま調査を開始した。図書館に通って膨大な資料を読み込み、数少ない関係者に会って取材を重ねていく過程で、先人が発見した概念や理論の意味を、じつは私は理解してはいなかったことに気付かされた。

私は大森の論文を読み進むうちに、そのなかに登場する「地震帯」や「地震周期」や「地震空白域」などの言葉（概念）を知り、大森の仮説（理論）を少しずつ理解していった。しかし、大森が発見した概念や理論が何を意味しているかを、わが身、わが事として理解していないことに、あるときはたと心付いたのだ。

大森が発見した「地震帯」と「地震周期」と「地震空白域」が意味するもの。それは、大地震は近い将来かならず再びやって来るという歴史的事実にほかならない。

私たちは忘れてはいないだろうか。夥しい数の地震帯が複雑に交差する日本列島の、地震の巣の上に暮らす私たち日本人にとって、大震災は再びいつかかならずわが身に訪れるということを。

ここに記した地震予知をめぐる物語は、百年前に起きた過去の出来事ではなく、これから起きる私たちの現実なのである。

エピローグ

大森家の戸籍

東京都港区南麻布にある都立中央図書館の、三階の書架の一隅に『日本の「創造力」全十五巻』（日本放送出版協会発行）が並んでいる。それは、今日の日本を築いた明治以降の先人四百七十人の生涯と業績の概要を紹介するもので、その全集の第九巻『不況と震災の時代』（平成五年刊行）に大森房吉を紹介する章が設けられている。その章の末尾に、大森房吉の三女・岩佐順（故人）の談話が掲載されている。「家族に優しい子煩悩な父」と題されたその聞き書きは、娘に接する父・房吉の様子を今に生き生きと伝えている。

家族に優しい子煩悩な父　大森房吉の三女　岩佐順（談）

私は、父房吉の三女ですが、私の生まれたのは明治四十四年（一九一一）で、父が亡くなったのが大正十二年（一九二三）ですから、小学校六年生くらいの年頃まで父に接していました。父はたいへん子煩悩で、出張旅行の先々から子どもたち一人一人に絵葉書の便りをよこしました。明治四十四年に姉幸子《ゆきこ》（長女）に宛てた絵葉書が残っていますが、「お大切におしなさいまし」などと子どもに宛てたものとは思えないような丁寧な言葉が書いてあります。〈中略〉

私が生まれたのは大塚仲町（東京都文京区）でしたが、その後今の椿山荘《ちんざんそう》の近くの関口台町へ移りました。細川侯爵邸もあり、辺りは雉《きじ》などの野鳥がまだたくさんいて、〝地震の起きる前には雉が鳴く〟という言い伝えを父が確かめたのもこの地にいた時のことです。また、父が地震の度に大きな懐中時計を睨《にら》んで時間を計っていたのをよく見ました。その後、日本女子大裏手の雑司《ぞうし》ケ谷《がや》に移ったのですが、その理由は父がノーベル賞の応募論文を書くためには静かな環境が必要だろうという周囲の勧めがあっての事でした。〈後略〉

（『日本の「創造力」第九巻——不況と震災の時代』日本放送出版協会、一四四〜一四五頁）

私は文章に添えられている写真に注目した。それは一葉の英文レターで、手紙の日付は、一九一五年九月。差出人は、スウェーデン王立科学アカデミーノーベル物理学賞委員会（Kungl Vetenskapsakademiens Nobelkommitte for fysik）とある。

そこには、大森式地震計の発明や大森公式の導出など、今日の地震学の発展に主導的な役割を果たした功績を高く評価し、一九一六年度ノーベル物理学賞の候補として、大森房吉博士を推薦《ノミネート》したことが記されている。そのうえで、これまでの研究成果の概要をまとめた審査論文を、ノーベル物理学賞委員会宛てに提出するよう大森本人に直接招請する旨が認められている。

北欧のストックホルムから東京の大森房吉宛てに送られたこの手紙は、一九一六年末に授与されるノーベル物理学賞への応募を勧める招請状だった。

当時のノーベル物理学賞の選考過程がどのようになっていたか、今なおその多くの部分は明らかにされてはないが、ノーベル物理学賞委員会が招請状を候補者本人に直接送った大きな理由のひとつは、大森自身にノーベル賞を受ける意思があるかどうかを確認するため。そしてもうひとつは、これまでの業績の全容と研究の意義を正確に聴取するという、二つの理由があったのではないかと思われる。

その後、ノーベル物理学賞委員会と大森房吉の間で、どのようなやり取りがあったのかは残念ながら不明だが、結果として、一九一六年度ノーベル物理学賞受賞者は、史上初の該当者なしとなった。

なお、その後一世紀以上におよぶ長いノーベル物理学賞の歴史のなかで、受賞者がいない年は、一九一六年、一九三一年、一九三四年、一九四〇年、一九四一年、一九四二年の計六回しかない。その最初の年に、ノーベル物理学賞の最有力候補のひとりに推薦され、招請状まで送られたものの、その後も大森房吉は世界各地の震災現場に東奔西走し、踏査研究に追われ、ついにノーベル物理学賞審査委員会の招請に応じることはなかった。そして大森は、ノーベル物理学賞を受賞することなく七年後の一九二三年に五十五歳の若さで亡くなった。

なぜ大森房吉は、日本人初のノーベル賞受賞者の栄誉を目前にしながら、審査論文を提出しなかったのだろうか。私などには到底思いもよらないが、その理由を想像するに、およそ三つの理由が考えられる。

その一つは、賞のための論文作成に時間を使うよりも、各国の震災現場の踏査研究に時間を使い、地震予知や防災に役立てたいと思ったことが考えられる。二つ目は、ノーベル賞が一九〇一年にはじまってから十年余りしか経っていないことが挙げられる。当時まだアルベルト・アインシュタイン（Albert Einstein，一九二一年ノーベル物理学賞受賞）やニールス・ボーア（Niels Henrik David Bohr，一九二二年ノーベル物理学賞受賞）らもノーベル物理学賞は受賞してはおらず、大森にノーベル賞が名誉ある賞だという意識が希薄だったことが考えられる。三つ目は、自分の研究成果をことさらに誇示し、その功績を人前で公言する行為に含羞の感情があり、大森を躊躇わせたのではないかと想像できる。

とまれ、一九一六年度ノーベル物理学賞候補に選出された以外にも、大森房吉は世界で高く評価され、多くの国からさまざまな栄誉を受けている。たとえば、一九一〇年にはスウェーデン国皇帝より北極星第三勲章を、また一九二二年にはフランス政府よりオフィシエ・ド・ランストリュクシヨンピュブリック記章が贈られた。さらにイタリア・ローマのリンチニイ学士会院理学部地理学科外国会員や、アメリカ・ワシントンアカデミーサイエンス学会の名誉会員に推挙されるなど、大森房吉の名声と彼の功績は当時世界中で広く知られていた。

だが、世界各国での名声とは対称的に、日本国内では、大森の死をきっかけに、掌を返したように大森の研究は批判の的となり、また彼の多くの功績は黙殺された。そのため、日本人初のノーベル賞受賞者・湯川秀樹《ゆかわひでき》が一九四九年にノーベル物理学賞に輝いた三十三年も前に、日本人初のノーベル賞候補に推挙された大森房吉という科学者の名を、今日知る者はほとんどいない。大森房吉の死からおよそ百年を迎えようとしている現在、彼の名とその功績は、歴史の地層の奥深くに埋もれたままである。

私は、数少ない手がかりを辿って大森房吉の妻と子どもたちを探した。大森家の家族構成を知る手がかりは、新聞の死亡記事だった。大森が亡くなった翌日の『萬朝報』に「大森博士遂に逝去す」の見出しを添えて、大森房吉の死が大きく報じられた。そこには、大森博士が残した偉業とともに、遺族となった妻と子どもたちの名が記されていた。記事はこう伝えている。

博士《はかせ》には先夫人《せんふじん》との間《あいだ》に幸子《ゆきこ》（二四）道子《みちこ》（二三）慎直《しんちょく》（二〇）の三人《にん》と、現夫人泰子《げんふじんやすこ》との仲《なか》に須美子《すみこ》（一三）信子《のぶこ》（一二）靜子《しづこ》（九ツ）弘子《ひろこ》（一ツ）の四人《にん》といふ子福者《こふくしや》である、博士《はかせ》が子供《こども》を可愛《かあい》がる事《こと》は非常《ひじよう》なものであった、家庭《かてい》はすこぶる圓滿《えんまん》で、博士《はかせ》は本當《ほんたう》によいお父《とう》さんであつた、長女幸子《ちようじよゆきこ》さんは合同油脂《ごうどうゆし》グリセリン株式会社《かぶしきかいしや》の取締役大橋退治氏《とりしまりやくおほはしたいぢし》に嫁《とつ》いでゐる

（『萬朝報』大正十二年十一月九日）

私は記事に「先夫人」とあるのが気にかかり、国立国会図書館新館四階の新聞資料室で当時の新聞を遡って手当たり次第に目を通した。そしてついに、『読売新聞』の第三面に「大森博士夫人逝去」と題された小さな死亡記事を発見した。それによると、先夫人の名は小千代子《こちよこ》といい、明治期に法定伝染病に指定され、死に至る病として大いに恐れられた流行病のひとつ猩紅熱《しょうこうねつ》にかかり、三十五歳の若さで早世したことが記されていた。

小石川水道町《こいしかわすゐだう》五九理學博士《りがくはくし》大森房吉氏《おほもりふさきちし》は先《さき》に伊太利大地震《いたりーだいぢしん》の實地調査《じつちてうさ》を命《めい》せられ去《さ》る十五日出發《しゆつぱつ》の筈《はず》なりし所去《ところさ》る四日頃夫人《ごろふじん》小千代子《こちよこ》（三十五）は猩紅熱《しやうこうねつ》に冒《おか》され續《つゞ》いて博士《はくし》を除《のぞ》く外《ほか》一家《か》

の者《もの》悉《ことごと》く同病《どうびやう》に感染《かんせん》し大命《たいめい》を控《にな》へる矢先《やさき》とて博士《はくし》の憂慮《いうりよ》一方《かた》ならざりしが十八日午前《ごぜん》六時夫人《ふじん》は藥石効《やくせきかう》なく遂《つひ》に逝去《せいきよ》したり葬儀《さうぎ》は來《きた》る二十二日午後《ごゞ》一時京橋築地本願寺《きやうばしつきぢほんぐわんじ》にて執行《しつこう》の筈《はず》、夫人《ふじん》夙《つと》に貞淑《ていしゆく》の譽《ほまれ》高《たか》く博士《はくし》の今日《こんにち》あるは實《じつ》に其内助《そのないじよ》の功多《かうおほ》きに依《よ》ると云《い》はるゝに惜《を》しむべし

（『讀賣新聞』明治四十二年一月二十一日）

この記事から、明治四十二年の時点では、大森房吉は小石川区小石川水道町五十九番地に居宅を構えていたことがわかった。小石川水道町は、本郷の東京帝国大学から一キロメートルほど西に位置し、大森房吉が東京帝国大学に通うには、ほどよい距離にあった。

先夫人・小千代子の死亡を確認した私は、次いで大森房吉に先立たれて遺族となった夫人泰子とその子どもたちの消息を追った。調べていくと、大森房吉の長男・大森慎直（明治三十七年十月二日生）の家系が途絶えたことが判明した。さらに調べを進めるうちに、長男・慎直の四歳年上の長女・幸子の末裔を捜し出すことに成功した。そうして私は、大森房吉の長女・大橋幸子（明治三十三年一月十三日生）の嫡孫・大橋英治《えいじ》さんと幸い連絡を取ることができ、英治さんから委任状をいただいて祖母・大橋幸子の戸籍を取り寄せる手続きを進めた。幸子の戸籍に、在所元である大森家の本籍地が記載されているはずだと見当をつけたからである。

大橋家の戸籍を取り寄せてみると、幸子はじつは通称であり、戸籍上は「幸《ゆき》」であること、また母・小千代子は平仮名で「こちよ（旧姓、天谷）」と書くことが正しいことが判明した。さらに、戸籍の幸の項には、「東京府北豊島郡高田村大字雜司ヶ谷村參百參拾五番地戸主大森房吉長女大正八

年八月貳日大橋退治ト婚姻届出同日入籍」と記載されていた。つまり、大森房吉は東京府北豊島郡高田村大字雑司ヶ谷村三百三十五番地に家宅を構え、大正八年八月二日に長女・幸が雑司ヶ谷村にあった大森家から大橋家に嫁したことが裏付けられた。

次に、雑司ヶ谷村の大森房吉の戸籍を豊島区役所総合窓口課に請求した。取り寄せると「戸主・大森房吉」の横に設けられた出生の覧に「明治元年九月拾参日」とある。……私は目を疑った。なぜなら、これまで大森房吉の出生日は明治元年九月十五日（新暦十月三十日）とされ、それは東京帝国大学の履歴原簿に「理學博士大森房吉、東京府平民旧福井藩、明治元年九月十五日越前國福井ニテ生ル」と記載されていることに基づいていた（本書一九頁参照）。しかし、今回の戸籍の発見によって、大森房吉の出生日は明治元年九月十三日（新暦十月二十八日）であることが証明され、これまでの大森の出生の記載をすべて書き改める必要が生じたのである。加えて、明治四十二年一月十八日にこちよ（通称、小千代子）と死別した大森は、翌四十三年十月十日に再婚し、再婚相手の妻の覧には『萬朝報』が報じた泰子ではなく片仮名で「ヤス（旧姓、小川）」と記されていた。戸籍の最初の行に目を移すと「東京市小石川區関口臺町参拾四番地ヨリ轉籍届出大正六年参月拾貳日受附」とあり、大正六年三月十二日に東京市小石川区関口台町三十四番地から雑司ヶ谷村に転籍したという。

引き続き、私は文京区役所戸籍住民課で、転籍元の小石川区関口台町三十四番地の戸籍を取り寄せた。すると、果たして戸主・大森房吉の出生の覧には、「明治元年九月拾参日」とあり、豊島区が保管する戸籍の出生日と一致した。また、戸籍の最初の行に「本郷区駒込西片町十番地ヨリ轉籍

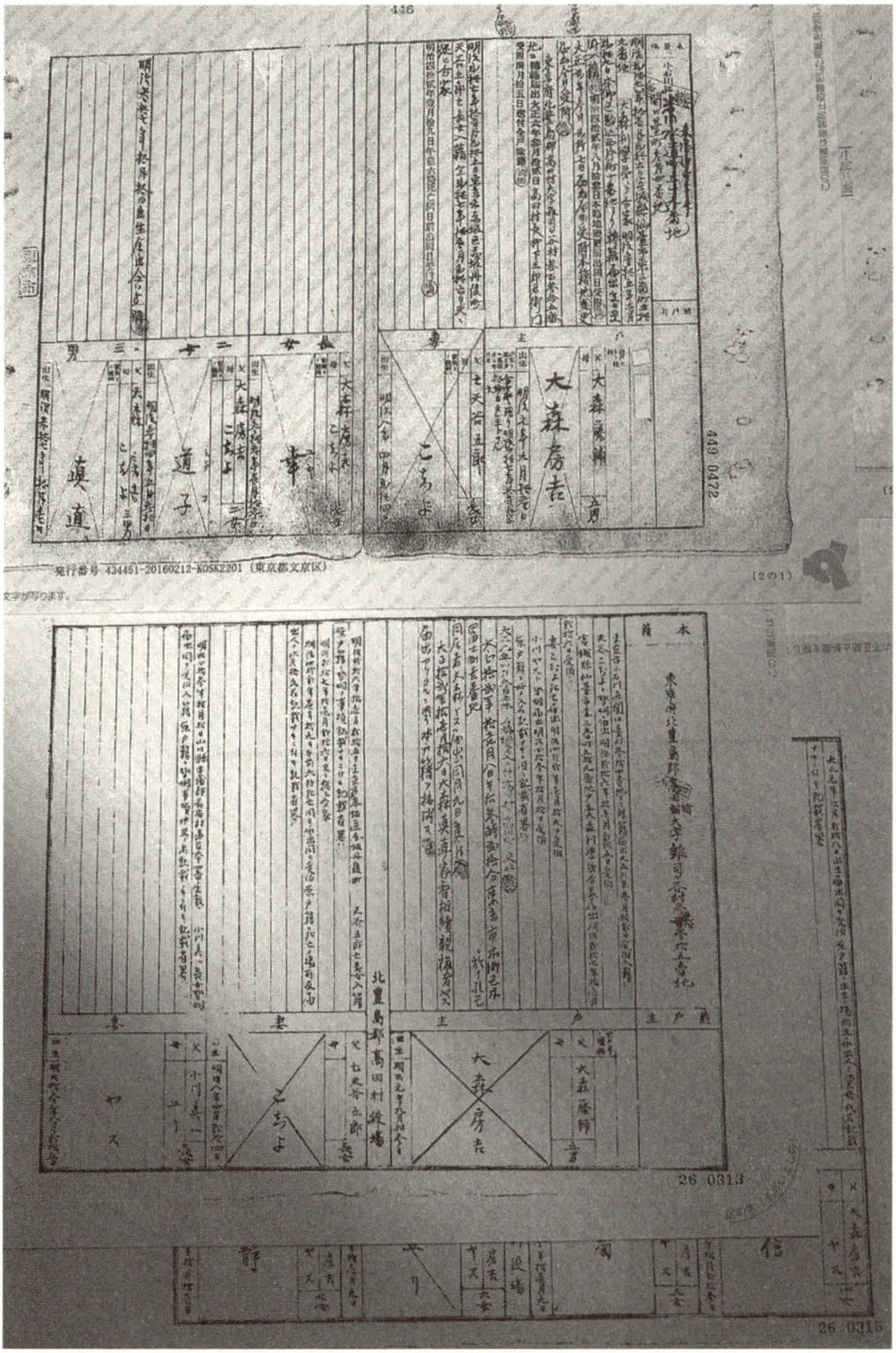

小石川区関口台町と高田村大字雑司ヶ谷村にあった大森房吉の除籍謄本

大正弐年参月弐拾七日届出同日受附」とあり、大正二年三月二十七日に本郷区駒込西片町十番地から小石川区関口台町に転籍したことがわかった。

それより以前の戸籍を探索したが、昭和二十年三月十日の東京大空襲の戦災の際に焼失したため、確認することができなかった。しかし、戸籍を順に遡ったことによって、大森房吉は、先夫人・ちよが早世した明治四十二年一月十八日の時点では、小石川区小石川水道町五十九番地（現在の文京区水道一丁目十一番）に居宅を構え、その後本郷区駒込西片町十番地（現在の文京区西片二丁目三番）に移り、大正二年三月二十七日の小石川区関口台町三十四番地（現在の文京区関口二丁目十一番）を経て、大正六年三月十二日に北豊島郡高田村大字雑司ヶ谷村三百三十五番地（現在の豊島区雑司が谷一丁目十八番）に転籍したことが明らかとなった。

「大森博士が選んだ土地なら、地震に強いに決まっている。地震の生き神さんを見て、鯰《なまず》も逃げ出すに違いない」。そんな噂が当時広まり、地震の生き神さんを慕って大森家の近所に引っ越してきた人もいたという。

「ノーベル賞の応募論文を書くためには静かな環境が必要だろうという周囲の勧め」に応じて転居した雑司ヶ谷村は、大森房吉にとって終焉の地となった。それは最初に家宅があった小石川水道町からさらに西に一キロメートル半、大森房吉が通った東京帝国大学からは西に二キロメートル半ほど隔てた場所にあり、神田川を臨む武蔵野台地の東縁部に位置した。この辺りは、三女・順（明治四十四年五月十七日生）が言うように周囲に武蔵野の森が広がり、森には雉をはじめ多くの野鳥が生息していたと思われる。また、近くには肥後熊本藩最後の藩主・細川護久侯爵の邸宅（のちの和敬塾本館）や、明治の元勲・山縣有朋がみずから作庭し「椿山荘」と称した山縣の邸宅（のちのホテル椿山荘東京）などがあった。

雉の生態を間近に観察しながら、静穏な場所で論文を執筆するには、まさにこの上ない環境であったろう。しかし大森は、雑司ヶ谷村に引きこもって一人静かに論文を執筆することよりも、世界各地の震災現場に赴き、地震予知と防災に繋げる踏査活動を優先させた。また国際会議への参加要請を断ることも決してなかった。それがために大森は、日本人初のノーベル賞受賞者の栄誉を手にする機会を逸し、一九一六年度ノーベル物理学賞受賞者は、史上初の該当者なしとなったのである。

大森氏之墓

霜月に入ると街路樹の葉が日を追うごとに色づきはじめ、今年もまた東京に晩秋の季節がめぐってきた。十一月八日、寒気に包まれた蒼天の朝。私は西武多摩川線・多磨駅のプラットホームに降り立ち、葉を青々と茂らせた赤松の巨木を仰ぎ見ながら多磨霊園の正門を潜った。

今日は、地震学をつくった男・大森房吉の祥月命日である。およそ四十万坪もの広大な園内は東西南北に等間隔に通る小径によって碁盤の升目のように区画され、そこに十万を超える累々たる墓石が整然と立っている。このなかに大森房吉の墓がある。

大森式地震計をはじめとする正確な地震計が製作される以前は、地震の揺れの方向や大きさを知るために、地震によって墓石の倒れた方向や移動した距離を測る方法が多く用いられた。そのため、明治大正の黎明期の地震学者は、大地震が起るとすぐに墓地に走り、墓石の倒れ具合を測定したという。夥しい数の墓石が林立するここなら、地震計がなくとも、震源の方向や大きさを観測することができ、大森博士は案外退屈せずにいるのではないかと想像した。

左右に延びる大廻り通りを西に二百メートルほど歩いた右手（三区一種二十四側）に、無数の真紅の葉をつけた一本の大きなモミジが立っている。その樹の袂で紅葉を愛でるように一基の墓石がある。この下に大森房吉は眠っているのだ。

大森房吉は、関東大震災から約二カ月後の大正十二年十一月八日、五十五歳で他界した。遺体は本郷区の東京帝国大学付属病院から下谷区谷中の護国山天王寺に移送され、谷中斎場で十一日午後一時から告別式が執りおこなわれた。その後亡骸は谷中墓地（現在の東京都立谷中霊園）に一旦は埋葬されたが、翌十三年（一九二四）、東京市の人口増加に対応して新たに開園した多磨墓地（大正十二年開園、昭和十年東京都立多摩霊園に改称）に改葬されたのだった。

直六面体の御影石が四段に積み重ねられ、その最上段の台石の前面に丸に三つ柏の家紋の刻印があり、その上に建つ墓碑には、ただ「大森氏之墓」とだけ刻まれていた。私は御影石に刻まれてできた碑銘の溝の冥暗をしばらく凝望した。

墓石の左面を見ると「正三位勲一等理學博士大森房吉　大正十二年十一月八日薨」、「大森ヤス　昭和四十二年十二月廿五日八十八才」と夫婦の銘が肩を寄せ合うように記されていた。墓石の反対側に回ると、そこには明治四十二年一月十八日に三十五歳の若さで早世した先夫人「大森小千代」（ママ）と、嫁ぐ前に亡くなった四人の娘たちの名前が仲良く並んでいた。

大森房吉の個人の墓ではなく、家族みんなの墓としたところが、いかにも家族思いの子煩悩な大

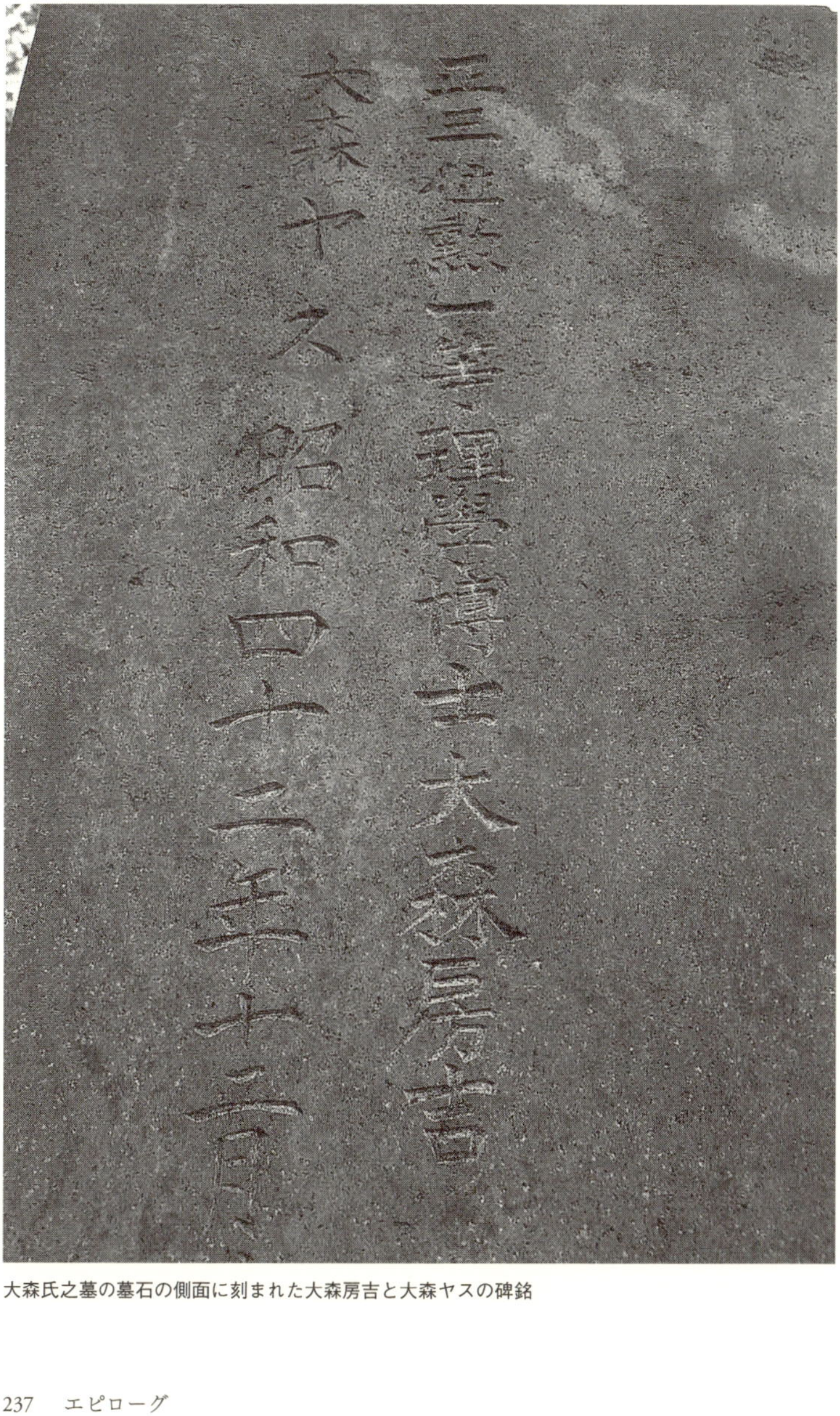

大森氏之墓の墓石の側面に刻まれた大森房吉と大森ヤスの碑銘

森房吉らしく、なんとも頬笑ましい。大森はその丁寧な言葉遣いから、学生たちの間で「お嬢さま」の愛称で呼ばれていた。紅葉の袂に建つ墓碑の閑雅な佇まいから、権威や威厳とは無縁な大森の婉麗な生き方が想い返された。

大森は生前多くの業績を残しながら、百年もの間、歴史の試練に耐えながら無言のうちにここに在りつづけた。それに気付かないまま、今まで過ごしてきたことに申しわけない気持ちでいっぱいになり、墓碑が水を掛けたように滲んで見えた。大森の信念と苦悩が私の心に染み入った。私は墓碑の上に降り積もった色とりどりの落葉を両の掌で撫でるように払い除けると、その掌を合わせて瞑目した――。

紅葉の葉の間から差し込む陽射しが西に大きく傾き、墓石の長く伸びた陰影を地表に鮮やかに浮かび上がらせていた。帰ろうとして墓石に背を向けたとき、墓所の入り口の脇に高さ七十センチメートルほどの小さな苔むした石柱が建っていることに気が付いた。膝を折って覗き込むと石柱の前面に「御名刺受」の碑銘が微かに読み取れ、その上方にちょうど名刺が入る程度の大きさの差し入れ口が穿たれていた。

私は内ポケットから名刺を一枚取り出し、石柱の差し入れ口に投函した。すると、大森博士にじかに名刺を手渡ししたような心持ちになり、晴れがましい気分で錦秋の墓所をあとにした。

あとがき

大森房吉について私が最初に書いたのは、今から十年余り前。拙著『ニッポン天才伝——知られざる発明・発見の父たち』（朝日新聞出版、二〇〇七年）においてである。その本のなかに、「地震学の父・大森房吉」と題した一章があり、そこで私は東京帝国大学地震学主任教授・大森房吉の生涯と業績を紹介した。

東日本大震災が発生した年、『ニッポン天才伝』を読んだという一人の編集者が拙宅を訪れ、「大森房吉でなにか一冊書きませんか」と申し出があった。このとき私は「調べる時間がないので」とお断りしたのだが、「ノンフィクションが無理なら、小説はどうですか」という編集者の言葉を受け入れて、大森房吉の評伝小説を書くことにした。こうして上梓したのが『関東大震災を予知した二人の男——大森房吉と今村明恒』（産経新聞出版、二〇一三年）である。

大森房吉の評伝小説を書き終えた後、私のなかに大きな疑問が残った。

かつて国民の多くから敬愛された大森房吉博士は、世界の人びとから「地震学の父」と称揚され、一九一六年には日本人初のノーベル賞候補にもノミネートされた。その大森博士が今なぜ忘れ去られようとしているのか。その疑問を解くために私は本格的に調査を開始した。するとすぐにその原因が、関東大震災にあることがわかった。「地震の生き神さん」と国民から褒めそやされた大森博士は、日本史上最悪の大惨事をもたらした関東大地震が起きた際「大震災を予知できなかった無能な地震学者」と罵られ、その責任と非難を一身に背負ったまま、地震発生の二カ月後に急逝したのである。

大森房吉は世界に誇るべき偉大な地震学者なのか、それとも大震災を予知できなかった無能な地震学者だったのか。私はそれを確かめるために国立国会図書館や東京大学地震研究所に通い、大森の言動を伝える当時の新聞や雑誌、また彼が発表した研究論文に目を通した。

調査にあたって私は、近代日本の震災史の原点ともいえる関東大震災の地震の深層に分け入り、歴史の闇から真実の断片を掬い上げ、光を当てることに心がけた。もとよりその目的は、大森の死を歴史に埋もれさせないことにあった。調査を進めるなかでさまざまな発見があり、先人が残した業績の偉大さを改めて認識した。私がかねてより敬愛する作家・吉村昭氏の『関東大震災』を遠くに仰ぎ見ながら、吉村氏の跡を追うように取材執筆をつづけた。

調査を進めていくなかで、ある日私は、東京に大地震が起ることを大森が予知していたと考えられる彼の研究論文を発見した。しかもそこには、次に東京に起るべき大地震（関東大地震）の震源域が東京湾湾頭、つまり相模湾沖であることを示唆する地図が含まれていた。――大森房吉は、じつは次にどこで大地震が起るかを誰よりも正確に予知していたのである。

取材を始めてから脱稿までに、五年の歳月が流れていた。

これは、今年、大森房吉生誕百五十周年、関東大震災九十五周年になるのを機に、関東大震災に至る地震予知の実相を多くの確かな証言と新資料をもとに初めて明らかにした評伝ノンフィクションである。

本書が、近代地震学が日本で誕生した理由とその意味を正しく理解し、その礎を築いた大森房吉の業績が正当に評価されるきっかけとなることを願ってやまない。そして、近い将来かならずやって来る大地震に備えるための一助となれば幸甚である。

なお、五年におよぶ取材執筆の間に、多くの人とめぐり会った。その方々を順を追って列挙すると、福井市旭公民館館長の藤井一夫さん、福井市中央公民館元館長の川端喜彦さん(故人)、福井市教育委員会元教育長の渡邉本爾さん、日本地震学会元会長の津村建四朗さん、今村明恒の孫弟子の島村英紀さん、今村明恒の嫡孫の今村英明さん、東京大学理学部名誉教授のロバート・ゲラーさん、東京大学地震研究所図書室元室長の松家久美さん、東京大学地震研究所広報アウトリーチ室の桑原央治さんと黒澤隆さん、大森房吉の曾孫の大橋英治さんである。また、書籍化にあたっては、青土社書籍編集部部長の菱沼達也さんに編集の労を執っていただいた。

この間に値遇し、ご助言ご協力いただいた方々のお名前をここに記し、心より感謝の意を表したい。

平成三十年向夏　五月晴れの日　東京にて

上山明博

元暦	二	一一八五	・七月九日（新暦八月十三日）、京都を中心に文治地震（文治京都地震）が発生。地震は元暦二年に起きたが、この地震により翌八月十四日に文治に改元されたことから、一般に「文治地震」と呼ばれる。鴨長明の『方丈記』に、山は崩れ海は傾き土は裂けて岩は谷底に転げ落ち、余震は三カ月ほど続いたことが記されている。震源は、琵琶湖西岸断層帯説、南海トラフ巨大地震説など諸説あるが不明
建暦	二	一二一二	・鴨長明が京の郊外の方丈の庵で、文治地震などの天変地異の体験を書き連ねた随筆『方丈記』を著す
永仁	一	一二九三	・四月十三日（新暦五月二十七日）、鎌倉を中心に永仁地震（永仁関東地震）が発生。鎌倉強震、建長寺が炎上、死者数千～二万三千余人。震源は大正関東地震と同じ相模トラフと考えられ、マグニチュードは七・〇と推定
慶安	二	一六四九	・六月二十一日（新暦七月三十日）、武蔵下野を震源とする慶安地震（慶安川越地震）が発生。町屋七百軒ほど大破、江戸城で石垣など破損、上野東照宮の大仏の頭が落ち、圧死者多数。マグニチュードは七・〇と推定
元禄	十六	一七〇三	・十一月二十三日（新暦十二月三十一日）、江戸小田原を中心に元禄地震（元禄関東地震）が発生。特に小田原で被害大きく、城下は全滅、十二カ所から出火、壊家八千軒以上、死者二千三百人以上。震源は大正関東地震と同じ相模トラフと考えられ、最大震度は七、マグニチュードは七・九～八・二と推定

安政 二	一八五五	・十月二日（新暦十一月十一日）、江戸を震源とする安政地震（安政江戸地震）が発生。江戸町方で潰れ焼失一万四千余軒、死者四千余人、武家方で死者約二千六百人、合わせて死者一万人とも。最大震度は六、マグニチュードは七・〇～七・一と推定
明治 一	一八六八	・九月十三日（新暦十月二十八日）大森房吉が福井藩士大森藤輔（五十歳）・妻幾久の五男として福井城下新屋敷百軒長屋（現、福井市手寄二丁目三番二十四号）で誕生
明治 七	一八七四	・大森房吉（六歳）が旭小学校に入学
明治 九	一八七六	・三月八日、ジョン・ミルンが工部省工学寮（現、東京大学工学部）のお雇い英国人教師として来日
明治 十	一八七七	・大森房吉が官立阪本学校（現、中央区立阪本小学校）の五級生（四年生）に転入
明治 十二	一八七九	・お雇い英国人教師ジェームズ・アルフレッド・ユーイングが「水平振子地震計」を製作
明治 十三	一八八〇	・二月二十二日午前〇時五十分、地震（横浜地震）が発生。震源は横浜湾沖のやや深い地下の断層で、横浜では震度四の中震、マグニチュードは五・五～六・〇と推定 ・二月二十五日付英字新聞『ジャパン・ガゼット（The Japan Gazette）No.3693』紙に、ジョン・ミルンが横浜地震に関する質問を投稿 ・四月二十六日、神田錦町の東京大学講堂で世界初の地震学会「日本地震学会（The Seismological Society of Japan）」の設立総会を開催。副会長に就任したジョン・ミルンが「日本に於ける地震の科学（Seismic Science in Japan）」と題する講演を行う
明治 十四	一八八一	・大森房吉が共立学校（現、開成高等学校）に進学

明治　十六	一八八三	・七月、大森房吉が東京大学予備門本学に褒賞給費生として入学 ・イタリアのロッシとスイスのフォレルが、震度の大きさを十段階に区分した「ロッシ・フォレル震度階（Rossi-Forel scale）」を考案
明治　十七	一八八四	・七月、日本地震学会設立総会の講演をまとめた『日本地震学会報告　第一冊』が日本地震学会より刊行 ・九月、大森房吉が東京大学予備門本学の褒賞給費生として次学年に進級
明治　十八	一八八五	・東京大学理学部が神田一ツ橋から本郷に移転
明治　十九	一八八六	・帝国大学令の施行によって東京大学は帝国大学に改称し、理科大学、工科大学、医科大学、文科大学、法科大学の五つの分科大学と一つの大学院から構成 ・帝国大学理科大学の初代学長に菊池大麓が就任
明治　二十	一八八七	・七月、大森房吉が帝国大学理科大学（現、東京大学理学部）に入学し、物理学を専攻
明治二十一	一八八八	・七月、大森房吉が帝国大学理科大学物理学科の特待（特別待遇）学生として次学年に進級
明治二十二	一八八九	・七月、大森房吉が帝国大学理科大学物理学科の特待学生として次学年に進級
明治二十三	一八九〇	・七月、大森房吉が帝国大学理科大学物理学科を卒業。同大学院に給費学生として入院し、地震学及び気象学を専攻 ・菊池大麓が貴族院勅選議員に就任 ・東京浅草に凌雲閣（通称、浅草十二階）が落成

明治二十四	一八九一	・七月、大森房吉（二十二歳）が帝国大学理科大学の助手嘱託に任じられ、月二十円の俸給を受ける ・七月、今村明恒（二十一歳）が帝国大学理科大学に入学 ・十月二十八日午前六時三十八分、福井と岐阜の県境付近の根尾川上流から濃尾平野北東縁にかけて地震（濃尾地震）が発生。濃尾断層帯のうち、温見・根尾谷・梅原断層が長さ八十キロメートルに渡って一度にずれ動き、国内で観測された内陸部での地震としては最大を記録。死者七千二百七十三人、全壊家屋一万四千百七十七軒、山崩れ一万二百二十四カ所。マグニチュードは八・〇と推定 ・小藤文次郎が「断層地震説」を発表 ・十二月十一日、菊池大麓を発議者として「震災予防に関する問題講究の為め地震取調局を設置し若くは取調委員を組織するの建議案」を貴族院に提出 ・十二月十七日、貴族院にて「震災予防に関する問題講究の為め地震取調局を設置し若くは取調委員を組織するの建議案」に関する会議を開催
明治二十五	一八九二	・四月、大森房吉が帝国大学理科大学地震学取調を嘱託され、月二十円の俸給を受ける ・六月二十五日、「勅令第五十五号　震災予防調査会官制」が公布され、「震災予防に関する事項を攻究しその施行方法を審議する」ことを目的に、〝震災予防調査会〟が文部大臣直属の研究機関として発足 ・七月十八日、震災予防調査会の第一回会合が文部省庁舎の会議室で開催。加藤弘之会長、菊池大麓幹事以下、古市公威工科大学教授（土木工学）、小藤文次郎理科大学教授（地質学）、辰野金吾工科大学教授（建築学）、田中舘愛橘理科大学教授（物理学）、田辺朔郎工科大学教授（土木工学）、長岡半太郎理科大学教授（物理学）、中村精男中央気象台技師（気象学）、ジョン・ミルン工科大学教授（地震学）、大森房吉理科大学助手（地震学）の各委員が参加

明治二十六	一八九三	・震災予防調査会会長に菊池大麓が就任 ・五月一日から十月三十日まで開催されたシカゴ万国博覧会の日本館に、大森房吉が製作した「電動式地震計」が展示公開 ・九月、大森房吉が帝国大学理科大学講師（地震学講座担任）を嘱託され、五百円の年棒を受ける ・十一月二十五日、大森房吉（二十五歳）が天谷こちよ（十八歳、通称・小千代子）と結婚
明治二十七	一八九四	・大森房吉が「余震（After-shocks）に就きて」と題する論文を八月二十五日発行の『震災予防調査会報告　第二号』に寄稿し、本震の経過時間にともなう余震回数の減少を表す公式「予震に関する大森公式（Omori formula for aftershock）」を発表 ・大森房吉・中村清男・田中舘愛橘の連名で「地球と磁力の変動に関する報告」と題するレポートを八月二十五日発行の『震災予防調査会報告　第二号』に発表 ・ジョン・ミルンが「ミルン式水平振子地震計」（現、重要文化財）を製作
明治二十八	一八九五	・ジョン・ミルンが「水平振子に依りて為せる観測」と題する論文を七月三十日発行の『震災予防調査会報告　第四号』に発表 ・ジョン・ミルンが帝国大学工科大学を退任し、英国に帰国 ・大森房吉が欧州留学のため日本を出国
明治二十九	一八九六	・一月八日、東京帝国大学理科大学地震学教室の初代教授・関谷清景が結核のため死去、享年四十
明治　三十	一八九七	・京都帝国大学が設立し、帝国大学は東京帝国大学に改称 ・十一月二十四日、大森房吉が二年間の欧州留学を終え帰国 ・十二月七日、大森房吉（二十九歳）が東京帝国大学理科大学の教授を命じられ、故関谷清景教授の跡を継いで地震学教室の主任教授に就任

明治三十一	一八九八	・大森房吉が「大森式長周期地震計」を製作 ・大森房吉が「人為地震波速度測定の一例」と題する論文を七月二十八日発行の『震災予防調査会報告　第二十一号』に発表 ・大森房吉が「地震波伝達速度測定第一回報告」と題するレポートを七月二十八日発行の『震災予防調査会報告　第二十一号』に発表 ・今村明恒が「地震動伝播の速度」と題する論文を七月二十八日発行の『震災予防調査会報告　第二十一号』に発表 ・大森房吉が「地震動の『強度』と被害との関係即絶対的震度階に就きての調査及報告」と題するレポートを七月二十八日発行の『震災予防調査会報告　第二十一号』に発表。最大加速度を導入した大森の震度階は「大森絶対震度階」と呼ばれる
明治三十二	一八九九	・大森房吉が「明治二十四年十月二十八日濃尾大地震に関する調査」と題する論文を九月十日発行の『震災予防調査会報告　第二十八号』に発表 ・大森房吉が「地震の初期微動に関する調査」と題する論文を九月二十九日発行の『震災予防調査会報告　第二十九号』に寄稿し、初期微動継続時間から震源距離を求める公式「大森公式（Omori formula）」を発表
明治三十三	一九〇〇	・二月二日、大森房吉が京都帝国大学理工科大学地震学講師嘱託を命じられる ・大森房吉が「余震に関する調査・第二回報告」と題する論文を六月四日発行の『震災予防調査会報告　第三十号』に寄稿し、「濃尾地震の余震回数と時との関係」を示すグラフを掲載 ・十一月十三日、大森房吉が中央気象台（現、気象庁）気象観測練習会の地震学講授嘱託を命じられる

明治三十四	一九〇一	・ジョン・ミルンが科学雑誌『ネイチャー（Nature）』に「日本の地震学（Seismology in Japan）」と題する論稿を発表 ・菊池大麓が文部大臣に就任 ・今村明恒（三十一歳）が東京帝国大学理科大学地震学教室の助教授に就任
明治三十八	一九〇五	・九月、今村明恒が雑誌『太陽』に、地震対策の方法を伝える目的で「市街地に於る地震の生命及財産に対する損害を軽減する簡法」と題する論稿を発表 ・十月二十日、今村明恒の新著『地震学』が大日本図書より刊行
明治三十九	一九〇六	・一月十六日、『東京二六新聞』が「今村博士の説き出せる大地震襲来説――東京市大罹災の予言」と題する新聞記事を掲載 ・一月十九日、『東京二六新聞』が「大地震の襲来説として掲載せる記事に関し今村理学博士より左の如き来簡ありたり」の見出しを付けて、今村明恒から寄せられた抗議文を掲載 ・一月二十四日、『萬朝報』が「大地震襲来は浮説」と題する特集記事を組み、今村明恒の投書とそれに対する大森房吉のコメントを紹介 ・一月三十日、今村明恒の新著『地震学』の新聞広告が『萬朝報』『報知新聞』『東京朝日新聞』の各紙に一斉に掲載 ・二月二十四日、東京大地震の噂が市中に広がり、来日中の英国親王コンノート殿下が臨場予定の洋楽演奏会などが急遽中止 ・三月、大森房吉が雑誌『太陽』に「東京と大地震の浮説」と題する論稿を寄稿し、東京大地震の噂を完全に否定 ・四月十八日、米国カリフォルニア州のサンフランシスコ周辺でのサンフランシスコ地震が発生。死者は三千人、マグニチュードは七・九と推定

		・八月五日付『サンフランシスコ・コール（The San Francisco Call）』紙に、「世界随一の地震学者が太鼓判、サンフランシスコは安全（World's Greatest Seismologist Says San Francisco Is Safe.）」の見出しとともに、大森房吉の顔が大きく掲載。「サンフランシスコは今後二三十年間は大地震が起る心配はなく、注意すべきはペルーもしくはチリ沖だろう」とする大森のコメントを紹介 ・八月十七日、チリ沖のペルー・チリ海溝を震源とするペルー・チリ沖地震が発生。死者四千人、マグニチュードは八・六と推定
明治　四十	一九〇七	・大森房吉がペルー・チリ沖地震の予知に成功した根拠を「世界各地に於ける近年の大地震に就きて」と題する論文にまとめ、二月十五日発行の『震災予防調査会報告　五十七号』に発表 ・四月二十五日、大森房吉の主著『地震学講話』を東京開成館より刊行
明治四十二	一九〇九	・一月十八日、大森房吉の妻こちよ（通称・小千代子）が東京市小石川区小石川水道町五十九番地（現、文京区水道一丁目十一番）の大森家の居宅にて猩紅熱のため病死、享年三十五
明治四十三	一九一〇	・大森房吉がスェーデン国皇帝より北極星第三勲章を受章 ・今村明恒が「今村式二倍強震計」を製作 ・十月十日、大森房吉（四十二歳）が小川ヤス（三十歳、通称・泰子）と結婚
明治四十五	一九一二	・七月三十日、明治天皇崩御 ・十一月二日、ドイツのアルフレート・ヴェーゲナーが「大陸移動説（Continental Drift Theory）」を発表

大正　二	一九一三	・三月二十七日、大森房吉が東京市本郷区駒込西片町十番地（現、文京区西片二丁目三番）から東京市小石川区関口台町三十四番地（現、文京区関口二丁目十一番）に転居 ・七月三十一日、ジョン・ミルンが肝臓病を悪化させ英国ワイト島にて死去、享年六十二
大正　四	一九一五	・大森房吉が日本人初のノーベル賞（一九一六年度、物理学）候補に選出され、九月、スウェーデン王立科学アカデミーノーベル物理学賞委員会（Kungl Vetenskapsakademiens Nobelkommitte for fysik）より大森に論文提出を要請する招請状が届く ・十一月十日、京都御所で大正天皇即位の御大礼が挙行され、菊池大麓・大森房吉が参内 ・十一月十六日午前十時三十七分三十六秒、千葉県外房沿岸の一宮付近で地震が発生。下香取郡万才村その他で崖崩れ。マグニチュードは六・〇と推定 ・十一月十七日、大森の留守中、『東京日日新聞』が「昨日も亦た地震、前後三回で震源地は上總一の宮、安政から六十年目といふ問題、萬に一つが百に一つに変つた——今村理學博士の談」と題する記事を掲載 ・十一月十八日、『東京日日新聞』の姉妹紙『大阪毎日新聞』が「地震に脅かさるゝ東京、安政の大地震から六十年目」と題し今村博士の談話を報じる
大正　六	一九一七	・三月十二日、大森房吉が東京市小石川区関口台町三十四番地（現、文京区関口二丁目十一番）から東京府北豊島郡高田村大字雑司ヶ谷村三百三十五番地（現、豊島区雑司が谷一丁目十八番）に転居 ・八月十九日、菊池大麓男爵が脳出血で急逝、享年六十二 ・九月八日、大森房吉が菊池大麓の跡を継いで震災予防調査会会長に就任

大正　七	一九一八	・大森房吉が「近距離地震の初期微動継続時間に就きて」と題する論文を二月十八日発行の『震災予防調査会報告　第八十八号―甲』に発表。大森係数を当初の七・五一から七・四二に改定し、大森公式「x = 7.42 y」を導出
大正　八	一九一九	・東京帝国大学理科大学が東京帝国大学理学部に改組
大正　九	一九二〇	・大森房吉が「東京将来の震災に就きて」と題する論文を三月三十一日発行の『震災予防調査会報告　第八十八号―丙』に発表
大正　十	一九二一	・十二月八日、茨木県南部に地震（竜ヶ崎地震）が発生。千葉と茨城県境付近で家屋破損、道路亀裂など。マグニチュードは七・〇と推定
大正　十一	一九二二	・三月十六日、大森房吉がフランス政府よりオフィシエ・ド・ラントリュクションピュブリック記章を受賞 ・大森房吉が「本邦各方面に起るべき今後の地震――其一、東京及関東地方」と題する論文を五月一日発行の学術誌『学芸　五月号』に発表 ・大森房吉が「本邦各方面に起るべき今後の地震――其二、東京及関東地方（続き）」と題する論文を六月一日発行の『学芸　六月号』に発表 ・大森房吉が「本邦各方面に起るべき今後の地震――其三、箱根、小田原、日光等の地方」と題する論文を七月一日発行の『学芸　七月号』に発表
大正　十二	一九二三	・六月三日付『読売新聞』に「又震源地争い」の見出しで、帝大地震学教室の今村博士と中央気象台の中村技師による震源地争いを報じる ・七月十日、大森房吉は「第二回汎太平洋学術会議（2nd Pan-Pacific Science Congress）」の副団長としてオーストラリアの首都メルボルンに向けて日本を出立

・九月一日、大森房吉がエドワード・フランシス・ピゴット台長の招きに応じ、シドニーのリバービュー天文台（Riverview Observatory）を視察
・九月一日午前十一時五十八分三十二秒、相模湾北西沖八十キロメートル、深さ二十五キロメートルの相模トラフ沿いを震源とする地震（大正関東地震）が発生。有感範囲は北海道南部から九州北部におよんだ。東京で観測した最大震幅は十四〜二十センチメートル、房総方面・神奈川南部は隆起し、東京附近西・神奈川北方は沈下。相模湾の海底は小田原―布良線以北は隆起し、南は沈下。マグニチュードは七・九と推定。
・九月二日、東京朝日新聞、読売新聞、国民新聞など、東京の新聞各社の社屋が焼失。唯一焼け残った東京日日新聞は九月二日付の第一面に「強震後の大火災、東京全市火の海に化す――日本橋、京橋、下谷、浅草、本所、深川、神田殆んど全滅死傷十数万」の大見出しを付けて第一報を伝える
・百九十万人が被災、十万五千人余が死亡あるいは行方不明、全壊十万九千余棟、全焼二十一万二千余棟。地震後東京の下町を中心に約百三十カ所から火災が発生し、多くの焼死者を出した。本所・被服廠跡に避難し犠牲となった三万八千人の遺体は十数日かけて露天火葬され、焼骨は脇に積上げられて、高さ三メートルの大きな白骨の山が出現
・十月四日、大森房吉がオーストラリアから帰国。そのまま東京帝国大学附属病院に搬送され緊急入院
・今村明恒が「大地震調査日記」を十月二十日発行の科学啓蒙雑誌『科学知識　震災号』に発表
・十月三十日、山本権兵衛首相が東京帝国大学附属病院三浦内科第十六号室を訪れ大森房吉と面会
・十一月二日、大森房吉が昏睡状態に陥ったことを東京日日新聞、報知新聞、読売新聞など、各紙が報道

		・十一月三日、学習院総代として穂積重遠（法学博士）、政友会の大岡育造（元文部大臣）、後藤新平帝都復興院総裁の田島秘書などが東京帝国大学附属病院を訪れ大森房吉を見舞う ・十一月八日午後三時二十五分、大森房吉が脳腫瘍のため東京帝国大学附属病院にて死去、享年五五。大森の顕著な業績に対し正三位勲一等瑞宝章を授く ・十一月十一日、大森房吉の遺体は、本郷区の東京帝国大学付属病院から下谷区谷中の護国山天王寺に移送され、午後一時より谷中斎場で大森の告別式が開催。亡骸は谷中墓地（現、東京都立谷中霊園）に埋葬 ・十二月二十六日、大森房吉の後任として今村明恒が東京帝国大学理科大学地震学教室の主任教授に就任
大正　十三	一九二四	・大森房吉の亡骸が谷中墓地から多磨墓地（現、東京都立多摩霊園）に改葬 ・四月八日、今村明恒が『地震講話』を岩波書店より刊行 ・長岡半太郎が大森房吉の地震学を厳しく批判した論稿「地震研究の方針」を『大正大震火災誌』（改造社、五月発行）に発表
大正　十四	一九二五	・今村明恒が「関東大地震調査報告」を三月三十一日発行の『震災予防調査会報告　第百号―甲』に発表し、関東大震災の死者および行方不明者の総数を十四万二千五百二十五人と公表 ・七月六日、東京帝国大学営繕部長の内田祥三教授の設計により東京大学大講堂（通称、安田講堂）が竣工 ・十一月十三日、東京帝国大学本郷構内に地震研究所が設立し、初代所長に東京帝国大学工学部（震動工学）教授の末広恭二が就任 ・菊池大麓が創設し、大森房吉が牽引した震災予防調査会が三十三年の歴史を閉じ解散

大正　十五	一九二六	・一月二十五日、今村明恒が大森房吉との論争などを回顧した自伝的随筆『地震の征服』を南郊社より刊行 ・今村明恒が東京帝国大学地震研究所の教授に就任
昭和　二	一九二七	・七月二十四日、芥川龍之介が睡眠薬ベロナールを大量に飲んで自殺、享年三十五
昭和　九	一九三四	・萩原尊禮が「萩原式変位地震計」を製作
昭和　十	一九三五	・アメリカのチャールズ・リヒターが地震のエネルギーの大きさを表す指標値として「マグニチュード（Magnitude）」を考案
昭和二十三	一九四八	・一月一日、今村明恒が死去、享年七十七
昭和二十八	一九五三	・関東大震災から三十周年目の九月一日付『朝日新聞』に、第二回汎太平洋学術会議に参加した大島正満が大森房吉との会話を証言した「関東震災と大森博士」を寄稿
昭和三十二	一九五七	・武者金吉が恩師今村明恒などを回顧した自伝的随筆『地震なまず』を東洋図書より刊行
昭和四十二	一九六七	・十二月二十五日、大森房吉の妻ヤスが死去、享年八十八
昭和四十三	一九六八	・カナダのツゾー・ウィルソンがこれまでの「大陸移動説」、「マントル対流説」、「海洋底拡大説」などを組み合わせて「プレートテクトニクス（Plate tectonics）」理論を発表
昭和四十八	一九七三	・八月十五日、吉村昭が今村明恒を主人公にしたノンフィクション小説『関東大震災』を文藝春秋から刊行し、同年菊池寛賞を受賞
昭和五十三	一九七八	・大規模地震対策特別措置法（大震法）を制定

平成　九	一九九七	・三月三十一日、今村明恒の指導を受けた萩原尊禮が大学に留まった理由などを回顧した自伝的随筆『地震予知と災害』を丸善より刊行
平成　十六	二〇〇四	・鹿島建設小堀研究室地震地盤研究部の武村雅之と諸井孝文が「関東地震（一九二三年九月一日）による被害要因別死者数の推定（Mortality Estimation by Causes of Death Due to the 1923 Kanto Earthquake）」と題する論文を、九月発行の『日本地震工学会論文集　第四巻第四号』に発表。関東大地震による死者・行方不明者の総数は十万五千三百八十五人、うち火災による死者は九万千七百八十一人、住家全潰による死者は一万千八十六人と算出
平成　十七	二〇〇五	・十一月三十日発行の平成十八年版『理科年表』より、関東大地震による死者・行方不明者の総数を、今村明恒が公表した十四万二千五百二十五人を改め、武村雅之らが算出した十万五千三百八十五人に大幅に修正
平成二十一	二〇〇九	・日本地震学会が会員の論文をまとめた『地震学の今を問う』を発行
平成二十三	二〇一一	・三月十一日、午後二時四十六分十八秒、牡鹿半島の東南東約百三十キロメートルの太平洋三陸沖の海底深さ約二十四キロメートルを震源として地震（東北地方太平洋沖地震）が発生。震源域は岩手県沖から茨城県沖にかけての幅約二百キロメートル、長さ約五百キロメートル、およそ十万平方キロメートルに渡った。死者・行方不明者は、岩手県、宮城県、福島県の東北三県を中心に約一万八千五百人。マグニチュードは日本観測史上最大の九・〇を記録。地震後に発生した福島第一原子力発電所事故により放射性物質が外部に飛散、十万人を超える被災者が屋内退避や警戒区域外に避難した

平成二十四	二〇一二	・二〇〇九年三月から四月にかけて、イタリア中部ラクイラ付近でマグニチュード最大六・三の群発地震が起きている際、必要な警報を怠ったため三百人以上もの犠牲者を出したとして、地震学者などで構成するイタリア地震委員会七人を過失致死罪の容疑で起訴。これに対しイタリア地震委員会は「地震予知は困難」とする声明を発表し無罪を主張。二〇一二年九月二十五日、ラクイラ地方裁判所は「被告のイタリア地震委員会がメディア操作を図る政府に癒着し従った」と判断し、七人全員に実刑禁錮六年の有罪判決を下す（その後控訴され、二〇一四年十一月十日、二審のラクイラ高等裁判所は証拠不十分を理由に一転して委員六人に無罪、一人に執行猶予付き禁錮二年の有罪判決を下す） ・十月十七日、ときの日本地震学会会長（東京大学地震研究所教授）が「地震予知は困難」とする会長声明を発表し、向後「地震予知」という誤解を招きかねない言葉は極力使用しないことを会員に通達

主な参考文献

『地震学講話』大森房吉、東京開成館、一九〇七年

『新番格以下』松平文庫、弘化四年

『旭区史』旭区史編集委員会・福井市旭公民館編・発行、二〇一五年

『わたしたちの大先輩　地震学の父大森房吉――一筋の道を歩みつづけて』福井市旭社会教育会・福井市旭公民館・福井市立旭小学校ＰＴＡ編・発行、一九七二年

「履歴原簿　大森房吉」東京帝国大学

「除籍謄本　本籍・東京市小石川区関口台町三十四番地、戸主・大森房吉」東京都文京区

「除籍謄本　本籍・東京府北豊島郡高田村大字雑司ヶ谷村三百三十五番地、戸主・大森房吉」東京都豊島区

'Correspondence.' John Milne（"The Japan Gazette"No.3693,Yokohama,Wednesday,February 25th,1880)

'Seismic Science in Japan' John Milne（"Transactions of the Seismological Society of Japan" vol.I parts I&II, Seismological Society of Japan. April-june,1880)

「地震学総論」ジョン・ミルン（『日本地震学会報告　第一冊』日本地震学会編・発行、明治十七年二月）

'Seismology in Japan'John Milne（"Nature no.63"1901)

「地震学の父ミルンの日本人妻――蝦夷生まれの一女性がたどった波乱の生涯」森本貞子（『文藝春秋　第五十八巻第十二号』文藝春秋、昭和五十五年十二月）

『女の海溝――トネ・ミルンの青春』森本貞子、文藝春秋、一九八一年

『明治日本を支えた英国人――地震学者ミルン伝』レスリー・ハーバート＝ガスタ、パトリック・ノット、日本放送出版協会、一九八二年

『お雇い外国人――三・自然科学』上野益三、鹿島研究所出版会、一九七九年

『明治お雇い外国人とその弟子たち――日本の近代化を支えた二五人のプロフェッショナル』片野勧、新人物往来社、二〇一一年

『地震学事始――開拓者・関谷清景の生涯』橋本万平、朝日選書、一九八三年
『地震なまず』武者金吉、東洋図書、一九五七年
『震源を求めて――近代地震学への歩み』池上良平、平凡社、一九八七年
『濃尾震災――明治二四年内陸最大の地震』村松郁栄、古今書院、二〇〇六年
『一八九一濃尾地震報告書』中央防災会議災害教訓の継承に関する専門調査会、内閣府、二〇〇六年
「震災予防に関する問題講究の為め地震取調局を設置し若くは取調委員を組織するの建議案会議」議事日程第十五号（『貴族院第二回通常会議事録第十四号』明治二十四年十二月十七日）
「勅令第五十五号　震災予防調査会官制」明治二十五年六月二十五日
「委員臨時委員及嘱託員」「委員会」（『震災予防調査会報告　第一号』震災予防調査会編・発行、明治二十六年十一月二十日）
「余震（after-shock）に就きて」大森房吉（『震災予防調査会報告　第二号』震災予防調査会編・発行、明治二十七年八月二十五日）
「地球と磁力の変動に関する報告」大森房吉・中村清男・田中舘愛橘（『震災予防調査会報告　第二号』震災予防調査会編・発行、明治二十七年八月二十五日）
「地震動伝達の速度及「波丈け」に関する調査」大森房吉（『震災予防調査会報告　第三号』震災予防調査会編・発行、明治二十八年六月八日）
「水平振子に依りて為せる観測」ジョン・ミルン（『震災予防調査会報告　第四号』震災予防調査会編・発行、明治二十八年七月三十日）
「人為地震波速度測定の一例」大森房吉（『震災予防調査会報告　第二十一号』震災予防調査会編・発行、明治三十一年七月二十八日）
「地震波伝達速度測定第一回報告」大森房吉（『震災予防調査会報告　第二十一号』震災予防調査会編・発行、明治三十一年七月二十八日）
「地震動伝播の速度」今村明恒（『震災予防調査会報告　第二十一号』震災予防調査会編・発行、明治三十一年七月二十

八日）
「地震動の『強度』と被害との関係即絶対的震度階に就きての調査及報告」大森房吉（『震災予防調査会報告　第二十一号』震災予防調査会編・発行、明治三十一年七月二十八日）
「明治二十四年十月二十八日濃尾大地震に関する調査」大森房吉（『震災予防調査会報告　第二十八号』震災予防調査会編・発行、明治三十二年九月十日）
「地震の初期微動に関する調査」大森房吉（『震災予防調査会報告　第二十九号』明治三十二年九月二十九日）
「余震に関する調査・第二回報告」大森房吉（『震災予防調査会報告　第三十号』震災予防調査会編・発行、明治三十三年六月四日）
「明治二十四年十月二十八日濃尾大地震の調査・第二回報告」大森房吉（『震災予防調査会報告　第三十二号』震災予防調査会編・発行、明治三十三年九月十三日）
「地震動に関する調査」大森房吉（『震災予防調査会報告　第四十一号』震災予防調査会編・発行、明治三十六年五月八日）
「日本の地震分布（地理と地震との関係）」大森房吉（『震災予防調査会報告　第四十九号』震災予防調査会編・発行、明治三十八年二月二十八日）
「東京に起るべき将来の地震に就きて」大森房吉（『震災予防調査会報告　第五十七号』震災予防調査会編・発行、明治四十年二月十五日）
「世界各地に於ける近年の大地震に就きて」大森房吉（『震災予防調査会報告　第五十七号』震災予防調査会編・発行、明治四十年二月十五日）
「大地震の平均年数に就きて」大森房吉（『震災予防調査会報告　第五十七号』震災予防調査会編・発行、明治四十年二月十五日）
「本邦地震概説」大森房吉（『震災予防調査会報告　第六十八号』震災予防調査会編・発行、大正二年三月三十一日）
「近距離地震の初期微動継続時間に就きて」大森房吉（『震災予防調査会報告　第八十八号―甲』震災予防調査会編・発行、大正七年二月十八日）
「本邦大地震概表」大森房吉（『震災予防調査会報告　第八十八号―乙』震災予防調査会編・発行、大正八年三月三十日）

「水道鉄管の震害に就きて」大森房吉（『震災予防調査会報告　第八十八号─丙』震災予防調査会編・発行、大正九年三月三十一日）
「東京将来の震災に就きて」大森房吉（『震災予防調査会報告　第八十八号─丙』震災予防調査会編・発行、大正九年三月三十一日）
「震災概説及地震に関する注意」大森房吉（『震災予防調査会報告　第八十八号─丙』震災予防調査会編・発行、大正九年三月三十一日）
「東京湾の津波に就きて」大森房吉（『震災予防調査会報告　第八十九号』震災予防調査会編・発行、大正七年十月二十八日）
「東京湾内の台風津浪と地の脈動との関係に就きて」大森房吉（『震災予防調査会報告　第九十四号』震災予防調査会編・発行、大正十年三月三十一日）
「地震学研究に関する意見」田中舘愛橘・中村精男・長岡半太郎・大森房吉（『東洋学芸雑誌』第百三十九号、明治二十六年）
「市街地に於る地震の生命及財産に対する損害を軽減する簡法」今村明恒（『太陽　第十一巻第十二号』博文館、明治三十八年九月）
「今村博士の説き出せる大地震襲来説──東京市大罹災の予言」（『東京二六新聞』明治三十九年一月十六日）
「大地震の襲来説として掲載せる記事に関し今村理学博士より左の如き来簡ありたり」（『東京二六新聞』明治三十九年一月十九日）
「大地震襲来は浮説」（『萬朝報』明治三十九年一月二十四日）
「東京と大地震の浮説」大森房吉（『太陽　第十二巻第四号』博文館、明治三十九年三月）
「理学博士今村明恒新著『地震学』定価金一円二十銭」（『東京朝日新聞』明治三十九年十月三十日）
「昨晩の地震、三時から九時迄約二十回の余震あり」（『読売新聞』大正四年十一月十三日）
「地震頻々、大小総て二十余回」（『世界新聞』大正四年十一月十三日）
「一日に二十六回の地震、震源地は上総一宮付近」（『東京朝日新聞』大正四年十一月十七日）
「安政から六十年目といふ問題、萬に一つが百に一つに変った──今村理學博士の談」（『東京日日新聞』大正四年十一月

十七日）
「地震頻に起る、震源は一宮沖」（『東京朝日新聞』大正四年十一月十七日）
「地震に脅かさるゝ東京、安政の大地震から六十年目」（『大阪毎日新聞』大正四年十一月十八日）
「又震源地争ひ」（『読売新聞』大正十二年六月三日）

「本邦各面に起るべき今後の地震　其一、東京及関東地方」大森房吉（『学芸　第三十九巻第五冊第四百八十八号』東京社編・発行、大正十一年五月一日）
「本邦各面に起るべき今後の地震　其二、東京及関東地方（続き）」大森房吉『学芸　第三十九巻第六冊第四百八十九号』東京社編・発行、大正十一年六月一日）
「本邦各面に起るべき今後の地震　其三、箱根、小田原、日光等の地方」大森房吉『学芸　第三十九巻第七冊第四百九十号』東京社編・発行、大正十一年七月一日）
「強震後の大火災、東京全市火の海に化す――日本橋、京橋、下谷、浅草、本所、深川、神田殆んど全滅死傷十数万」（『東京日日新聞』大正十二年九月二日）
「関東大地震に関する本会の調査事業概要」『震災予防調査会報告　第百号―甲』震災予防調査会編・発行、大正十四年三月三十一日）
「関東大地震調査報告」今村明恒（『震災予防調査会報告　第百号―甲』震災予防調査会編・発行、大正十四年三月三十一日）
「根府川方面山津浪調査報告」今村明恒（『震災予防調査会報告　第百号―乙』震災予防調査会編・発行、大正十四年三月三十一日）
「房総半島に於ける土地の隆起」今村明恒（『震災予防調査会報告　第百号―乙』震災予防調査会編・発行、大正十四年三月三十一日）
「相模湾海底変化の意義並に大地震の原因に関する地球物理学的考察」寺田寅彦（『震災予防調査会報告　第百号―乙』震災予防調査会編・発行、大正十四年三月三十一日）
「相模湾から起った津浪の伝播に関する調査報告」寺田寅彦（『震災予防調査会報告　第百号―乙』震災予防調査会編・

発行、大正十四年三月三十一日）
「関東地震の地形学的考察」山崎直方（『震災予防調査会報告　第百号―乙』震災予防調査会編・発行、大正十四年三月三十一日）
「関東大地震に因れる各地方火災」今村明恒（『震災予防調査会報告　第百号―戊』震災予防調査会編・発行、大正十四年三月三十一日）
「大正十二年九月一日二日の旋風に就て」寺田寅彦（『震災予防調査会報告　第百号―戊』震災予防調査会編・発行、大正十四年三月三十一日）
「地震の話」今村明恒（『大正大震災大火災』大日本雄弁会講談社編・発行、大正十二年）
「大地震調査日記」今村明恒（『科学知識　震災号』大正十二年十月二十日）
「大森博士夫人逝去」（『読売新聞』明治四十二年一月二十一日）
「大森博士きのふは嗜睡状態に陥る」『東京日日新聞』大正十二年十一月二日）
「地震博士は治療の望がない」（『報知新聞』大正十二年十一月二日）
「重体の大森地震博士」（『読売新聞』大正十二年十一月二日）
「危篤の大森房吉博士」（『東京日日新聞』大正十二年十一月三日）
「殆ど絶望の大森地震博士」（『萬朝報』大正十二年十一月三日）
「地震をうは言に大森博士は絶望」（『報知新聞』大正十二年十一月三日）
「病床の大森博士依然嗜睡状態を續く」（『東京朝日新聞』大正十二年十一月三日）
「大森博士は依然危險狀態」（『二六新報』大正十二年十一月六日）
「大森博士全く危篤」（『東京朝日新聞』大正十二年十一月八日）
「大森博士いよ〳〵危險」（『報知新聞』大正十二年十一月九日）
「刻々危險迫る大森博士の容體」（『大阪毎日新聞』大正十二年十一月九日）
「苦悩もなく大森博士遂に逝く」（『読売新聞』大正十二年十一月九日）
「大森博士遂に逝去す」（『萬朝報』大正十二年十一月九日）
「大森博士遂に逝く」（『東京朝日新聞』大正十二年十一月九日）

「大森博士遂に逝く」（『東京日日新聞』大正十二年十一月九日）
「大森博士逝く」（『報知新聞』大正十二年十一月九日）
「大森博士の葬儀は十一日に谷中の斎場で執行」（『萬朝報』大正十二年十一月九日）
「大森博士の告別式十一日谷中の斎場にて」（『二六新聞』大正十二年十一月十一日）
「追弔大森房吉先生略伝」（『気象集誌　第二輯第二巻第二号』日本気象学会編・発行、大正十三年二月）

「学会随一人気学者　今村明恒博士」代々木初太郎（『太陽　第三十巻第一号』博文館、大正十三年一月）
「地震研究の方針」長岡半太郎（『大正大震火災誌』改造社、大正十三年五月）
「地震による地球内部の研究」石原純（『大正大震火災誌』改造社、大正十三年五月）
「地震雑感」寺田寅彦（『大正大震火災誌』改造社、大正十三年五月）
「明治大正年間における本邦地震学の発達」今村明恒（『地震　第一巻第二号』昭和四年二月十五日）
「南海道沖大地震の謎」今村明恒（『地震　第五巻第十号』昭和八年十月十五日）
『地震学』今村明恒、大日本図書、一九〇五年
『地震講話』今村明恒、岩波書店、一九二四年
『地震の征服』今村明恒、南郊社、一九二六年
『次の大地震は何処に起るか』今村明恒述・災害防止会編、文化書院、一九二四年
『大地震の前兆に関する資料――今村明恒博士遺稿』震災予防協会編、古今書店、一九七七年
『君子未然に防ぐ――地震予知の先駆者今村明恒の生涯』山下文男、青磁社、一九八九年
『地震学者・今村明恒遺稿集――自叙伝、渡欧日記、随筆など』今村英明編、ブックコム、二〇一二年
『関東大震災』吉村昭、文藝春秋、一九七三年
『新装版　関東大震災』吉村昭、文春文庫、二〇〇四年
『関東大震災を予知した二人の男――大森房吉と今村明恒』上山明博、産経新聞出版、二〇〇三年
『不定芽』大島正満、刀江書院、一九三四年
「学界余滴――関東大震災と大森博士」大島正満（『朝日新聞』昭和二十八年九月一日）

'World's Greatest Seismologist Says San Francisco Is Safe.' ("The San Francisco Call" August 5th,1906)
「家族に優しい子煩悩な父」岩佐順（『日本の「創造力」第九巻——不況と震災の時代』日本放送出版協会、平成五年）
「大森地震学が残したものⅠ　地震の活動性に関する研究」池上良平（『地震　第二輯第三十四巻「日本の地震学百年の歩み」特別号』日本地震学会編・発行、昭和五十六年）
「大森地震学が残したものⅡ　地震の初期活動に関する研究」池上良平（『地震教育　第三十四巻第四号』昭和五十六年）
「大森地震学が残したもの　地震動の性質に関する研究一」池上良平（『地震教育　第三十四巻第五号』昭和五十六年）
「大森地震学が残したもの　地震動の性質に関する研究二」池上良平（『地震教育　第三十四巻第六号』昭和五十六年）
「大森房吉君」（『東洋学芸雑誌　第百五十九号』明治二十七年）
「大森房吉と日本の地震学」坪井忠二（『中央公論　第八十巻第七号』中央公論社、昭和四十年七月）
「地震はいつ起こるのか——大森房吉と『気象学的地震学』」金凡性（『科学史研究　第四二巻第二二五号』日本科学史学会編・発行、平成十五年）
「関谷清景と日本の地震学」橋本万平（『科学史研究　第七七号』日本科学史学会編・発行、昭和四十一年）
「小藤論文の濃尾地震根尾谷断層写真について」榎本祐嗣（『歴史地震　第二十一号』歴史地震研究会編・発行、平成十八年）
「明治末年における東京大地震説とデマ事件に対する新聞論調とその資料」池上良平（『地震教育　第三十三巻第三号』昭和五十五年）
「丙午・大地震襲来騒動」下坂英（『科学朝日　第四十七巻第十号』朝日新聞社、昭和六十二年十月）
「地震学の父・大森房吉」上山明博（『ニッポン天才伝——知られざる発明・発見の父たち』朝日選書、平成十九年）
「地震学者今村明恒の震災論」藤井陽一郎（『科学史研究　第八〇号』日本科学史学会編・発行、昭和四十一年）
「地震博士・今村明恒の遺言」長部日出雄（『オール讀物　第六十六巻第五号』文藝春秋、平成二十三年五月）
「日本の地震予知研究史——先駆者今村明恒と当時の地震学」西澤修（『地質ニュース　第四九四号』産業技術総合研究所地質調査総合研究センター編、実業公報社、平成七年十月）
「地震研究所創立二十五周年を迎えて」萩原尊禮（『科学　第二十巻第十一号』岩波書店、昭和二十五年）
「震度は加速度ではない（震度の人体実験）」高木聖（『気象研究所研究報告 第二十三巻第三号』昭和四十七年九月））

「東京大学における地震観測及び機械式地震計の名称と分類について」岩田孝行・野口和子（『東京大学地震研究所技術報告　第六号』東京大学地震研究所、平成十二年）
「地震研究所および国立科学博物館に残された関谷清景・大森房吉の観測帳について」野口和子・中村操・津村建四朗・大迫正弘（『東京大学地震研究所技術報告　第十三号』東京大学地震研究所、平成十九年）
「地震計の写真に見る気象庁の地震観測の歴史」賓田信生（『験震時報　第六十三巻号』気象庁、平成十二年二月）
「ジョン・ミルン没後一〇〇年」柴田明徳（『日本地震工学会誌　第十八号』日本地震工学会、平成二十五年一月）
「地震予知研究の先駆者としてのミルン――ミルン没後一〇〇周年に寄せて」泊次郎（『日本地震工学会誌　第十八号』日本地震工学会、平成二十五年一月）
「関東地震（一九二三年九月一日）による被害要因別死者数の推定（Mortality Estimation by Causes of Death Due to the 1923 Kanto Earthquake）」武村雅之・諸井孝文（『日本地震工学会論文集　第四巻第四号』平成十六年九月）
「海岸段丘が語る過去の巨大地震」穴倉正展（「地質ニュース　第六〇五号」産業技術総合研究所地質調査総合研究センター編、実業公報社、平成十七年一月）
「日本地震学会会長声明――ラクイラ地震に関する地震研究者に対する有罪判決について」加藤照之、日本地震学会、平成二十四年十月二十九日
『地震予知連絡会一〇年のあゆみ』地震予知連絡会編、建設省国土地理院、一九七九年
『地震予知連絡会二〇年のあゆみ』地震予知連絡会編、建設省国土地理院、一九九〇年
『地震の予知』萩原尊禮、地学出版社、一九六六年
『地震予知――どこまで可能か』浜田和郎、森北出版、一九八六年
『地震発生のしくみと予知』尾池和夫、古今書院、一九八九年
『地震予知の科学』日本地震学会地震予知検討委員会編、東京大学出版会、二〇〇七年
『日本人は知らない「地震予知」の正体』ロバート・ゲラー、双葉社、二〇一一年
『「地震予知」にだまされるな！――地震発生確率の怪』小林道正、明石書店、二〇一二年
『人はなぜ御用学者になるのか――地震と原発』島村英紀、家伝社、二〇一三年
『いま地震予知を問う――迫る南海トラフ巨大地震』横山裕道、化学同人、二〇一四年

『「地震予知」の幻想――地震学者たちが語る反省と限界』黒沢大陸、新潮社、二〇一四年
『日本の地震予知研究一三〇年史――明治期から東日本大震災まで』泊次郎、東京大学出版会、二〇一五年
『大正震災志　上・下』内務省社会局編、岩波書店、一九二六年
『関東大震災――大東京圏の揺れを知る』武村雅之、鹿島出版会、二〇〇三年
『手記で読む関東大震災』武村雅之編、古今書院、二〇〇五年
『未曾有の大災害と地震学――関東大震災』武村雅之、古今書院、二〇〇九年
『関東大震災を歩く』武村雅之、吉川弘文館、二〇一二年
『関東大震災』北原糸子編、吉川弘文館、二〇一〇年
『関東大震災の社会史』北原糸子、朝日選書、二〇一一年
『関東大震災の想像力――災害と復興の視覚文化論』ジェニファー・ワイゼンフェルド、青土社、二〇一四年
『関東大震災記憶の継承――歴史・地域・運動から現在を問う』関東大震災九〇周年記念行事実行委員会編、日本経済評論社、二〇一四年
『震災に学ぶ――明治から現代へ』国立公文書館編・発行、二〇一六年

『東京帝国大学五十年史　上・下冊』東京帝国大学編・発行、一九三二年
『東京帝国大学地震研究所一覧』東京帝国大学地震研究所編・発行、一九三三年
『地震研究所創立五十年の歩み』東京大学地震研究所編・発行、一九七五年
『日本の地震学――その歴史的展望と課題』藤井陽一郎、紀伊國屋新書、一九六七年
『地震の顔』和達清夫、自由現代社、一九八三年
『新版・日本の地震』鈴木尉元、築地書館、一九八五年
『地震学百年』萩原尊禮、東京大学出版会、一九八二年
『地震予知と災害――理科年表読本』萩原尊禮、丸善、一九九七年
『大地動乱の時代――地震学者は警告する』石橋克彦、岩波新書、一九九四年
『明治・大正の日本の地震学――「ローカル・サイエンス」を超えて』金凡性、東京大学出版会、二〇〇七年

『プレートテクトニクスの拒絶と受容――戦後日本の地球科学史』泊次郎、東京大学出版会、二〇〇八年
『図説地震と人間の歴史』アンドルー・ロビンソン、原書房、二〇一三年
『地震学の今を問う』日本地震学会、二〇〇九年
『超巨大地震に迫る――日本列島で何が起きているのか』大木聖子・纐纈一起、NHK出版新書、二〇一一年
『東日本大震災の科学』佐竹健治編、東京大学出版会、二〇一二年
『地下に潜む次の脅威――NHKスペシャル MEGAQUAKE Ⅲ巨大地震』NHK取材班、新日本出版社、二〇一四年
『日本の地震地図――南海トラフ・首都直下地震対応版』岡田義光、東京書籍、二〇一四年
『相模トラフ沿いの地震活動の長期評価』地震調査研究推進本部地震調査委員会、二〇〇四年
『相模トラフ沿いの地震活動の長期評価・第二版』地震調査研究推進本部地震調査委員会、二〇一四年
『関東地域の活断層の長期評価・第一版』地震調査研究推進本部地震調査委員会、二〇一五年
『全国地震動予測地図二〇一六年版』地震調査研究推進本部地震調査委員会、二〇一六年
『地球科学の開拓者たち――幕末から東日本大震災まで』諏訪兼位、岩波書店、二〇一五年
『地震学　第三版』宇津徳治、共立出版、二〇〇一年
『日本災害史』北原糸子編、吉川弘文館、二〇〇六年
『日本歴史災害事典』北原糸子・松浦律子・木村玲欧編、吉川弘文館、二〇一二年
『日本被害地震総覧　四一六―二〇〇一』宇佐美龍夫、東京大学出版会、二〇〇三年
『日本被害地震総覧　五九九―二〇一二』宇佐美龍夫・石井寿・今村隆正・武村雅之・松浦律子、東京大学出版会、二〇一三年
『理科年表　平成十七年・第七十八冊』国立天文台編、丸善、二〇〇四年
『理科年表　平成十八年・第七十九冊』国立天文台編、丸善、二〇〇五年
『理科年表　平成三十年・第九十一冊』国立天文台編、丸善出版、二〇一七年

著者　上山明博（うえやま・あきひろ）
1955年10月8日岐阜県生まれ。小説家・ノンフィクション作家。日本文藝家協会正会員、日本科学史学会正会員。1999年特許庁産業財産権教育用副読本策定普及委員会委員、2004年同委員会オブザーバーなどを務める一方、文学と科学の融合をめざし、徹底した文献収集と関係者への取材にもとづく執筆活動を展開。主な著書に、小説として『白いツツジ――「乾電池王」屋井先蔵の生涯』（PHP研究所、2009年）、『「うま味」を発見した男――小説・池田菊苗』（PHP研究所、2011年）、『関東大震災を予知した二人の男――大森房吉と今村明恒』（産経新聞出版、2013年）、またノンフィクションとして『プロパテント・ウォーズ――国際特許戦争の舞台裏』（文春新書、2000年）、『発明立国ニッポンの肖像』（文春新書、2004年）、『ニッポン天才伝――知られざる発明・発見の父たち』（朝日選書、2007年）、『技術者という生き方――発見！しごと偉人伝』（ぺりかん社、2012年）などがある。公式サイト http://aueyama.wixsite.com/home

地震学をつくった男・大森房吉
幻の地震予知と関東大震災の真実

2018年7月10日　第1刷印刷
2018年7月20日　第1刷発行

著者――上山明博

発行人――清水一人
発行所――青土社
〒101-0051　東京都千代田区神田神保町1-29　市瀬ビル
［電話］03-3291-9831（編集）　03-3294-7829（営業）
［振替］00190-7-192955

印刷・製本――シナノ印刷

装幀――菊地信義

ISBN978-4-7917-7081-6　C0040